儿童菜大全

邱克洪 主编

黑龙江科学技术出版社
HEILONGJIANG SCIENCE AND TECHNOLOGY PRESS

图书在版编目（ＣＩＰ）数据

儿童菜大全 / 邱克洪主编. —— 哈尔滨：黑龙江科
学技术出版社, 2022.4
ISBN 978-7-5719-1218-5

I. ①儿… II. ①邱… III. ①儿童－菜谱 IV.
①TS972.162

中国版本图书馆CIP数据核字(2021)第243542号

儿童菜大全
ERTONG CAI DAQUAN

作　　者　邱克洪
责任编辑　马远洋
封面设计　深圳·弘艺文化 HONGYI CULTURE
出　　版　黑龙江科学技术出版社
地　　址　哈尔滨市南岗区公安街70-2号
邮　　编　150001
电　　话　（0451）53642106
传　　真　（0451）53642143
网　　址　www.lkcbs.cn
发　　行　全国新华书店
印　　刷　哈尔滨市石桥印务有限公司
开　　本　787 mm×1092 mm　1/16
印　　张　13
字　　数　200千字
版　　次　2022年4月第1版
印　　次　2022年4月第1次印刷
书　　号　ISBN 978-7-5719-1218-5
定　　价　39.80元

目录 CONTENTS

PART 1

儿童所需营养面面观

PART 2

功能食谱，助儿童茁壮成长

PART 4

一日三餐，给孩子最好的搭配

儿童所需
营养面面观

学起来！
让孩子好好吃饭的四大原则

　　吃饭本来是一件轻松、幸福、开心的事儿，但现在的家长对孩子吃饭的问题过于关注，反而导致吃饭时氛围紧张，让孩子产生逆反心理。试想，如果你是孩子，被两个大人夹在中间，完全动弹不得，一边伸过来一只手，被逼迫着吃饭、吃菜，你的本能反应，可能也是紧紧闭着嘴巴，扭着头，一口都不想吃吧。那么我们该如何让孩子主动吃饭呢？下面这几个原则，你得学会！

一、营造正面的吃饭环境

　　现在大部分家庭中，孩子是一家人的中心，孩子吃饭成了饭桌上最受关注的问题。"再多吃两口！不许挑食！吃口胡萝卜，对眼睛好！"一顿饭下来，妈妈都是先照顾孩子吃饭，自己几乎吃不上饭，喂完孩子，妈妈就不想吃了。

　　家长可以回想一下自己参加过的愉快饭局，一定不是别人拼命给你夹菜，而你一

点儿都不爱吃。愉快的饭桌上大家交流情感，享受美食，每个人都会积极参与。那么在饭桌上，家长可以试试把注意力放在享受美食和交流上，不再盯着孩子到底吃了几口饭、几口菜。

当孩子不再是饭桌的中心时，他反而更容易模仿大人去享受食物。

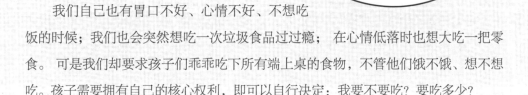

二、把吃饭的权利还给孩子

我们自己也有胃口不好、心情不好、不想吃饭的时候；我们也会突然想吃一次垃圾食品过过瘾；在心情低落时也想大吃一把零食。可是我们却要求孩子们乖乖吃下所有端上桌的食物，不管他们饿不饿、想不想吃。孩子需要拥有自己的核心权利，即可以自行决定：我要不要吃？要吃多少？

三、让孩子参与到食物的制作过程中

为一株玫瑰浇过水，它就成了千万株玫瑰中最特别的一个；为一顿饭付出了努力，它就成了平淡三餐里最好吃的那一顿。

所有的劳动，都可以邀请孩子共同参与：带孩子一起去超市买菜，做饭时让孩子帮忙淘米或者洗菜，开饭前让孩子帮忙把碗筷摆好，吃完饭让孩子帮忙擦桌子、洗碗。当孩子参与到做饭的过程中，他对吃饭的兴趣就会浓厚起来，会觉得这顿饭有他的贡献，也就特别愿意去品尝，吃起来也特别香。

四、家长的态度要坚持如一

让方法奏效的关键，就是家长的态度——平和、坚定、自然、轻松，将这些态度渗透到生活中的方方面面。

儿童饮食禁忌

父母应引导孩子从小养成良好的饮食习惯，这样孩子才能健康成长。下面一起来看看在儿童饮食上要注意的五大禁忌吧！

① 忌骂食

吃饭时训斥孩子，甚至打骂孩子，是最不符合生理、心理卫生要求的。人的生理机制是受大脑支配的，父母的训斥，必然会使孩子心情郁闷，导致肠、胃活动和消化腺体的分泌受到抑制，从而引起消化不良，营养吸收不好。所以，吃饭时应尽可能让孩子心情欢畅，千万不要责骂孩子。

② 忌暴食

暴食伤身，人人皆知。尤其是3岁以内的儿童，更是如此。小孩吃东西往往不会自我调节，不会自我控制，喜欢吃的食物就大吃特吃，导致消化不良，造成积食。这不仅浪费了食品，而且增加了肠、胃、肾脏的负担，还可能给这些脏器带来疾病。

③ 忌过多的零食

吃零食过多，轻则造成消化功能紊乱，影响正常饮食，重则造成积食。零食过多，主食则减少，这样天长地久，影响正常发育，易患某种营养缺乏症。重要的是脑细胞数量的增殖是一次性完成的，儿童错过了这个关键时期，以后就无法弥补了。糖分是人们身体的主要热能来源，也是儿童生长发育不可少的营养之一。但是任何事物，包括吃东西，总有一定的比例和限度，吃得过量了，往往会适得其反。

忌多盐

食盐不仅是人体必不可少的物质之一，也是人们膳食中不可缺少的调味品。然而，医学家认为，婴儿到6个月左右方可吃咸食。因为小儿刚出生时，肾功能尚不完善，到5～6月龄时发育才较为完整（个别有长至2岁的），才能把进入身体的多余钠和氯等物质排出体外。母乳、牛奶中均含有一定量的钠和氯，已能满足6个月龄内的婴幼儿的生理需要。一般来说，5～24月龄的儿童，每日食盐量为1克左右，2岁以上渐与成人同量，但活动量大，出汗多的儿童在膳食中可适当多增加一点儿食用量。如果孩子吃得过咸，轻则易咳嗽，重则易患高血压病，不利于儿童生长发育。

⑤ 忌味精

味精的化学名称为谷氨酸钠。由于谷氨酸钠进入人体后能参与人体细胞内氨基酸、蛋白质及糖类的代谢，促进氧化过程，故能改善神经系统的功能。但在食物中加入过多的味精，特别是对小孩健康十分不利。因为味精食后被肠道吸收进入血液，能与血液中的微量元素锌化合转化为谷氨酸锌而排出体外，小儿若经常摄入过多的味精，日积月累则会导致锌缺乏。

为了孩子们健康成长，以上这些饮食禁忌爸爸妈妈们千万要记住哦！

儿童餐具该如何挑选

妈妈从给宝宝喂辅食开始，就在考虑选择和购买宝宝专用的餐具了。徘徊在林林总总、品种繁多的宝宝餐具世界里，又该如何选择呢？

以下的选购总原则，希望妈妈们记住哦！

1.餐具要注重品牌，确保材料和色料纯净，安全无毒。

2.餐具要体现宝宝的特点，小巧别致，实用方便。设计应人性化，多圆形，防刮伤；防渗漏，便于清洁，方便外出携带。

3.选择不易脆化、不易老化、不易摔碎和经得起磕碰，在磨擦过程中不易起毛边的餐具。

4.挑选内侧没有彩绘图案的器皿，不要选择涂漆的餐具。

5.尽量不要用塑料餐具，避免盛装热腾腾的食物时挥发出有害物质。

具体来说，以下的选购策略值得你好好学习一下。

品牌与安全：市场上宝宝餐具品牌很多。在选购诸因素中，安全是妈妈最重视的，而知名品牌经过了国家相关部门的检测，更具安全性。

款式与功能：儿童餐具的款式五花八门、形状各异，特殊形状的勺子，方便宝宝把饭送进嘴里。餐具的款式虽然多，但还是以方便实用、外形浑圆为好。餐具的功能各异，有底座带吸盘的碗，吸附在桌面上不会移动，不容易被宝宝打翻；有感温的碗和勺子，便于妈妈掌握温度，不至于让宝宝烫伤；大多数合格餐具还耐高温，能进行高温消毒，保证安全卫生。

材质与色彩：用来制作餐具的材料很多，有塑料、陶瓷、玻璃、不锈钢、竹木、密胺等，而宝宝餐具的制作材料通常为塑料、不锈钢、竹木、密胺。

（1）塑料：塑料餐具由高分子化合物聚合制成，在加工过程中会添加一些溶剂、可塑剂与着色剂等，有一定毒性，而且容易附着油垢，比较难清洗，并不是理想餐具。如果喜欢塑料餐具，最好选择无色透明、没有装饰图案或图案在餐具内壁的产品，千万不要购买和使用有气味的、色彩鲜艳、颜色杂乱的塑料餐具。因为颜色中铅的含量比较高，容易引起铅中毒。

（2）不锈钢：不锈钢餐具上常有"13-0""18-0""18-8"三种代号。代号前面的数字表示铬含量，后面的数字代表镍含量。铬是使产品不生锈的材料，镍是耐腐蚀材料，镍含量越高，质量就越好。但是镍、铬是重金属，如果产品不合格及使用不当，就会危害健康。

（3）竹木：这种餐具本身不具有毒性，但竹木一旦涂上了含铅的油漆，就会被酸性物质溶解，而且剥落的漆块会直接进入消化道。而宝宝吸收铅的速度比成人快6倍，如果体内含铅量过高，会影响宝宝的智力发育。

（4）密胺：密胺餐具比较适合宝宝，因为密胺餐具具有陶瓷般的手感，质地光滑，无毒无味，符合国家食品卫生标准和美国FDA卫生标准；耐冲击，使用寿命长；耐热性强，可在120℃以下的洗碗机内清洗、消毒；保温好，不烫手；化学稳定性好，不易残存食物味道，做成各种颜色均安全。

以上这些选购小技巧，你学会了吗？

冷饮要慎吃

夏季到来，天气炎热，人们喜欢吃一些冷饮消暑解渴。但是，如果吃冷饮时不注意卫生，或饮食过量，不仅对身体无益，还会危害健康。6个月以内的婴儿，胃肠道功能没有发育完善，消化能力比较弱，对于冷热的耐受力比较低，抗病能力也比较差，如果进食冷饮，就会引起胃肠道疾病，甚至诱发其他疾病。所以，婴儿应绝对禁食冷饮。对于稍大一点儿的幼儿来说，他们的胃肠道功能也未

发育健全，胃肠黏膜对冷饮的刺激很难适应，如果冷饮进食过多，就会引起腹泻、腹痛及咳嗽等症状，甚至诱发扁桃体炎。因此，幼儿要少吃冷饮，即使吃也必须注意以下问题：一是要注意冷饮卫生。夏天天气炎热，各种细菌繁殖旺盛，特别是大肠杆菌、伤寒杆菌和化脓性葡萄球菌，均能在-170℃的低温下生存。如果它们进入人体，就会迅速繁殖并产生病毒，导致疾病的产生。因此，在吃冷饮时要留心，既不要吃没有品牌商标的，更不要吃过期变质的。二是要选择新鲜冷饮。一般说来，果汁类饮料必须没有沉淀；瓶装的饮料应该不漏气，开瓶后应有香气；鲜乳应为乳白色，乳汁均匀，无沉淀、无凝块、无杂质，有乳香味；罐装饮料的表面不得生锈或漏液。三是要防止暴饮暴食。有的家长对孩子吃冷饮无节制的行为不加以管控，孩子吃得过多，甚至暴饮暴食，对身体是极其有害的。因为冷饮吃得过多会冲淡胃液，影响消化，同时还会刺激胃壁和肠道，使蠕动亢进，缩短食物在小肠内的停留时间，影响人体对食物营养的充分吸收。四是剧烈运动后要节制吃冷饮。孩子喜欢活动，人在活动时体温会升高，咽部也会充血。这时候，如果大量进食冷饮，就会使胃肠等内脏器官和咽部受到刺激，进而出现腹痛、腹泻或咽部发炎疼痛、声音嘶哑等症状，同时还会诱发咳嗽和其他疾病。所以，孩子在剧烈运动后，应该休息一会儿，然后再有节制地吃点冷饮。

四季饮食要点

四季气候特点各有不同，对人体的影响也是不同的。宝宝在各个季节的消化能力、生长发育都各有特点，所以不同季节的饮食应该有不同的侧重点。

① 春季宝宝生长快，补蛋白质、补钙、补铁

春季万物生发，父母也会发现宝宝一般在春天长得比较快，这时要保证营养跟得上。优质蛋白质要合理摄入，小宝宝要有足够的奶类摄入，大一点儿的宝宝在奶类摄入充足的情况下，多食用一些鱼、虾、瘦肉、豆制品等补充蛋白质。另外，要注意补钙、补铁。小宝宝维生素D的补充不能懈怠，大宝宝在补充维生素D的同时，应多吃豆制品补钙，奶类供应也应充足。

② 夏季宝宝脾胃差，食欲不好，食物要易消化

夏天宝宝食欲普遍不太好，食物应该易消化，多给宝宝吃一些含水分多的食物，如粥、面、汤等。另外，要多让宝宝喝水以助消化。注意不要因为夏天不怕冷就让宝宝喝凉水，最好给他喝温开水，以保护肠胃功能。还有，不要给宝宝喝冷饮、吃雪糕，以免伤脾，损害肠胃功能，引起腹泻、食欲不振、消化不良等问题。

③ 秋季不要着急给宝宝贴秋膘

刚从夏季进入秋季的时候，宝宝脾胃还没有调理好，如果急着贴秋膘，让他吃大鱼大肉，宝宝的肠胃消化不了，很快就会出现厌食、发热、腹泻等症状。

④ 冬天不要给宝宝进补

补是相对于虚来说的，而宝宝一般都不需要补，如果像大人一样补，可能会补出毛病来。宝宝冬天的饮食只要搭配合理，每餐都有主食、蔬菜、高蛋白物就可以了，不要吃太多高能量的食物，也不要服用大量营养品，更不要在食物里添加补养的中药材。

PART *2*

功能食谱，
助儿童茁壮成长

健脑益智食谱

促进孩子智力发育，这些物质不可缺！

谁都希望自己的孩子聪明伶俐、聪慧过人。除了先天因素和一定的社会环境及教育外，家长们可通过合理膳食为孩子智力发育提供良好的条件。

大量的科学研究发现，膳食中的某些营养物质与大脑的生长发育、记忆力、想象力及思维能力紧密相连。调节膳食中的营养物质，有助于提高孩子的智力。专家们指出，以下7种营养物质对孩子智力发育至关重要。

一、葡萄糖

葡萄糖是生命的能源。孩子的头部与身体的比例较成年人大，而其大脑和智力的发育需要消耗相对多的能量。因此，足够的葡萄糖是必需的。一般富含淀粉的食物，如米、面、薯类、豆类，在人体代谢过程中会产生大量的葡萄糖供给利用。水果中亦含有大量的葡萄糖。

二、蛋白质

蛋白质是构成孕育细胞和细胞代谢的重要营养物质。如脑垂体激素中的物质可以给脑细胞供应营养，使孩子保持旺盛的记忆力，加强注意力和理解力。所以，蛋白质是提高孩子脑细胞活力的重要保证，蛋白质不足易导致孩子大脑发育不良。

三、谷氨酸

谷氨酸能改善大脑功能，对某些痴呆患儿有治疗作用。它还能消除大脑代谢中"氨"的毒性。家长应让孩子多吃些含谷氨酸的食物，如大米、黄豆、乳酪、牛肉和动物肝脏等。

四、维生素

维生素通过对糖的代谢作用来影响孩子大脑对能量的需求，其中尤以维生素B_1和维生素B_3影响最大。麦胚、酵母、牛奶、蛋黄、瘦肉含维生素B_1较丰富，而维生素B_3在花生、动物内脏、豆类、谷类中含量较多。

五、磷脂和胆固醇

磷脂和胆固醇是人体脑细胞的主要成分，这两种物质在人体脑细胞和神经细胞中的含量最多。磷脂又分脑磷脂和卵磷脂两种，可增强大脑记忆力，又对大脑反应的灵敏性有影响。孩子正处于生长发育阶段，应适当食用大豆、猪肝、猪肾、动物的脑髓、鸡蛋（尤其是蛋黄）等富含磷脂和胆固醇的食物，对大脑开发大有裨益。

六、微量元素

研究显示，缺乏铜、锂、钴会影响孩子的智力发育，甚至引起某些疾病，如大脑皮质萎缩、神经发育停滞等。锌、铜对孩子的智力提高也有重要作用。牡蛎、鱼肉、肝、蛋、花生、核桃等食物中含锌较多，豆制品、叶类蔬菜和坚果中含铜较多。

七、磷

磷是大脑生理活动必需的一种介质，它不但是组成脑磷脂、卵磷脂和胆固醇的主要成分，而且参与神经纤维的传导和细胞膜的生理活动，还参与糖和脂肪的吸收与代谢。孩子适当进食干贝、虾皮、黄豆等含磷丰富的食物，对促进大脑的智力活动有益。

蔬菜、水果、坚果类食物都含有丰富的蛋白质、磷脂、维生素和矿物质等，每天作为辅助食物给孩子吃一些，对健脑、益智大有好处。

生蚝茼蒿炖豆腐

材料：豆腐 200 克、茼蒿 100 克、生蚝肉 90 克、姜片、葱段各少许

调料：盐、鸡粉各 3 克、老抽 2 毫升、料酒 4 毫升、生抽 5 毫升、水淀粉、食用油 各适量

做法

1 茼蒿切成段；豆腐切条形，再切成小方块。

2 锅中注入清水烧开，加入盐，放入豆腐块，搅拌均匀，煮半分钟，去除酸涩味后捞出，沥干水分，待用，沸水锅中再倒入生蚝肉，搅匀，煮 1 分钟。

3 用油起锅，放入姜片、葱段，爆香，倒入生蚝肉，淋入料酒，炒匀，放入茼蒿，翻炒，再倒入豆腐块，加入少许盐、老抽、生抽、鸡粉，轻轻翻动，转中火炖煮 2 分钟，至食材入味，用大火收汁，倒入水淀粉，翻炒至汤汁收浓、食材熟透即可。

 ## 香椿炒蛋

材料：香椿 150 克、鸡蛋 1 个

调料：盐 3 克、味精 3 克、鸡粉 3 克、食用油适量

做法

1 洗净的香椿切 1 厘米长的段；鸡蛋打入碗中，打散调匀，加少许盐、鸡粉调匀。

2 用油起锅，倒入蛋液，翻炒至熟，盛出装盘备用。

3 锅中加入 1000 毫升清水烧开，加少许食用油，倒入切好的香椿，煮片刻后捞出。

4 用油起锅，倒入香椿炒匀，加剩余的盐、味精、鸡粉炒匀，再倒入煎好的鸡蛋，翻炒匀至入味即可。

蒸肉豆腐

材料：鸡胸肉 120 克、豆腐 100 克、鸡蛋 1 个、葱末少许

调料：盐 2 克、生抽 2 毫升、生粉 2 克、食用油适量

做法

1 用刀将洗净的豆腐压碎，剁成泥状。
2 洗好的鸡胸肉切成条，再切成丁。
3 鸡蛋打入碗中，打散，调匀。
4 取榨汁机，选绞肉刀座组合，把鸡肉倒入杯中，拧紧刀座。
5 选择"绞肉"功能，把鸡肉绞成肉泥。
6 将鸡肉泥倒入盘中待用。
7 把鸡肉泥倒入碗中，加入蛋液、葱末，拌匀。
8 加入盐、生抽、生粉，搅拌均匀。
9 将豆腐泥装入碗中，加少许盐，拌匀。
10 取一个碗，抹上少许食用油，倒入豆腐泥。
11 加入蛋液鸡肉泥，抹平。
12 把碗放入烧开的蒸锅中。
13 盖上盖，用中火蒸 10 分钟至熟。

 银耳核桃蒸鹌鹑蛋

材料：水发银耳 150 克、核桃仁 25 克、熟鹌鹑蛋 10 个

调料：冰糖 20 克

做法

1 泡发好的银耳切去根部，切成小朵；备好的核桃仁用刀背将其拍碎。
2 备好蒸盘，摆入银耳、核桃碎，再放入鹌鹑蛋、冰糖，待用。
3 电蒸锅注水烧开，放入食材，盖上锅盖，调转旋钮定时 20 分钟，待时间到，掀开盖，将食材取出即可。

鱿鱼丸子

材料：鱿鱼120克、花菜130克、洋葱100克、南瓜80克、肉末90克、葱花少许

调料：盐3克、鸡粉4克、生粉10克、黑芝麻油2毫升、叉烧酱20克、水淀粉适量、食用油适量

做法

1 将洗净的花菜切块；洗好去皮的南瓜切块；洗净的洋葱剁成末；处理干净的鱿鱼剁泥状。

2 锅中注水烧开，加少许盐、食用油、鸡粉，放入花菜，煮熟捞出备用；再倒入南瓜，煮熟捞出备用；把鱿鱼肉放入碗中，加入肉末，顺一个方向拌匀，放少许盐、鸡粉、生粉、拌匀，倒入洋葱末拌匀，淋入黑芝麻油，撒上少许葱花拌匀，将肉馅挤成肉丸，放入沸水锅中，煮5分钟至肉丸熟透捞出，将花菜、南瓜摆入盘中，放上肉丸。

3 起锅，倒入适量清水，加入叉烧酱，搅拌匀，煮沸，放入少许盐、鸡粉，拌匀调味，倒入适量水淀粉，调成稠汁，浇在盘中食材上即可。

豆腐狮子头

材料：老豆腐155克、虾仁末60克、猪肉末75克、鸡蛋液60克、去皮马蹄40克、木耳碎40克、葱花少许、姜末少许

调料：生粉30克、盐、鸡粉各3克、胡椒粉2克、五香粉2克、料酒5毫升、芝麻油适量

做法

1 马蹄切块，剁碎。

2 洗净的老豆腐装碗，放入马蹄碎。

3 倒入虾仁末，加入猪肉末，放入木耳碎，倒入葱花、姜末和鸡蛋液。

4 加入1克盐、1克鸡粉，放入胡椒粉、五香粉和料酒，沿一个方向拌匀，倒入生粉，搅拌均匀成馅料。

5 用手取适量馅料挤出丸子状，放入沸水锅中。

6 煮3分钟，掠去浮沫，加入2克盐、2克鸡粉。

7 关火后淋入芝麻油，搅匀。

8 将煮好的豆腐狮子头连汤一块装碗即可。

鱼骨白菜汤

🌱**材料：**鱼骨 300 克、白菜 200 克、姜片少许、葱花少许

🥄**调料：**盐 3 克、鸡粉 2 克、料酒适量、胡椒粉适量、食用油适量

🍴**做法**

1 洗净的白菜去心切段。
2 用油起锅，倒入姜片爆香，倒入鱼骨煎至焦香，加适量料酒炒匀，注入适量清水，加盖，中火焖 5 分钟至汤汁呈奶白色。
3 倒入白菜,拌匀,煮熟,加盐、鸡粉、胡椒粉拌匀，小火略煮片刻至入味。
4 将汤盛入碗中，撒上葱花即可。

 # 韭菜炒核桃仁

🌱**材料：**韭菜 200 克、核桃仁 40 克、彩椒 30 克

🥄**调料：**盐 3 克、鸡粉 2 克、食用油适量

🍴**做法**

1 将韭菜切成段，彩椒切成粗丝。
2 锅中注入清水烧开，加入盐 1 克，倒入核桃仁搅匀，煮至入味后捞出，沥干水分，待用。
3 用油起锅，烧至三成热，倒入核桃仁，略炸片刻至水分全干，捞出沥油待用。
4 锅底留油烧热，倒入彩椒丝，用大火爆香，放入韭菜，翻炒至其断生，加入盐 2 克、鸡粉 2 克，炒匀调味，再放入核桃仁快速翻炒至食材入味。
5 关火后盛出炒好的食材，装入盘中即可。

人参鱼片汤

🌿**材料**：黄鱼 270 克、瘦肉 120 克、桂圆肉 12 克、人参 45 克、葱段少许、姜片少许、金华火腿片 15 克、川贝适量

🍴**调料**：盐 2 克、料酒 5 毫升、水淀粉适量

🍴**做法**

1 将洗净的瘦肉切薄片；处理好的黄鱼切取鱼肉，用斜刀切片，装碗，加盐、水淀粉拌匀，腌渍 10 分钟。
2 锅中注水烧开，倒入瘦肉片拌匀，淋入少许料酒，汆去血水，再捞出瘦肉，沥水待用。
3 取一个蒸碗，倒入汆过水的瘦肉片，放入火腿片，撒上备好的桂圆肉、人参，放入姜片、葱段，倒入洗净的川贝，注入清水至九分满。
4 蒸锅上火烧开，放入蒸碗，盖上盖，用中火蒸 30 分钟至食材散出香味，揭盖，放入腌好的鱼片，再盖上盖，用中火蒸 5 分钟至食材熟透即可。

 # 鲜笋炒生鱼片

🌿**材料**：竹笋 200 克、生鱼肉 180 克、彩椒 40 克、姜片适量、蒜末适量、葱段少许

🍴**调料**：盐 3 克、鸡粉 5 克、水淀粉适量、料酒适量、食用油适量

🍴**做法**

1 将洗净的竹笋切块，改切成片；洗好的彩椒切成小块；洗净的生鱼肉切成片装碗中，放入盐 1 克、鸡粉 1 克，抓匀，倒入适量水淀粉，抓匀，注入适量食用油，腌渍 10 分钟至入味。
2 锅中注水烧开，放盐 1 克、鸡粉 1 克，倒入竹笋，煮 1 分 30 秒至其八成熟，捞出备用。
3 用油起锅，放入蒜末、姜片、葱段，爆香，倒入彩椒、鱼片，翻炒片刻，淋入料酒，炒香，放入竹笋，加入盐 1 克、鸡粉 1 克，炒匀调味，倒入水淀粉，将锅中食材快速拌炒均匀，盛出装碗即可。

花生核桃糊

材料：糯米粉90克、核桃仁60克、花生米50克

调料：白糖适量

做法

1 取榨汁机，选择干磨刀座组合，倒入洗净的花生米、核桃仁，拧紧。
2 通电后选择"干磨"功能，精磨一会儿，至材料呈粉末状，断电后倒出磨好的材料，装入碗中，制成核桃粉待用。
3 将糯米粉放入碗中，注入适量清水，调匀，制成生米糊，待用。
4 砂锅中注入适量清水烧开，倒入花生核桃粉，用大火拌煮至沸，再放入备好的糯米粉，边倒边搅拌，至其溶于汁水中，转中火煮2分钟至材料呈糊状，加入适量白糖，搅拌至白糖完全溶化。
5 关火后盛出煮好的花生核桃糊，装入碗中即可。

 核桃蒸蛋羹

材料：鸡蛋2个、核桃仁3个

调料：红糖15克、黄酒5毫升

做法

1 备一玻璃碗，倒入温水，放入红糖，搅拌至溶化。将核桃仁打碎。
2 备一空碗，打入鸡蛋，打散至起泡，往蛋液中加入黄酒，拌匀，倒入红糖水，拌匀，待用。
3 蒸锅中注水烧开，揭盖，放入处理好的蛋液，盖上盖，用中火蒸8分钟。
4 揭盖，取出蒸好的蛋羹，撒上核桃碎即可。

山药木耳炒核桃仁

材料：山药 90 克、水发木耳 40 克、西芹 50 克、彩椒 60 克、核桃仁 30 克、白芝麻少许

调料：盐 3 克、白糖 10 克、生抽 3 毫升、水淀粉 4 毫升、食用油适量

做法

1 洗净去皮的山药切块，再切成片；洗好的木耳切成小块；洗净的彩椒切条，再切成小块；洗好的西芹切成小块。

2 锅中注入适量清水烧开，加入少许盐、食用油，倒入山药，搅散，煮半分钟，加入切好的木耳、西芹、彩椒，再煮半分钟，将锅中食材捞出，沥水备用。

3 用油起锅，倒入核桃仁，炸出香味，捞出，放入盘中。

4 锅底留油，放入适量白糖，倒入核桃仁，炒匀，把锅中食材盛出，装碗，撒上白芝麻拌匀。

5 热锅注油，倒入焯过水的食材翻炒，加入剩余的盐、生抽、剩余的白糖，炒匀调味，淋入水淀粉，快速翻炒匀，再倒入核桃仁，炒匀即可。

绿豆芽炒鳝丝

材料：绿豆芽 40 克、鳝鱼 90 克、青椒 30 克、红椒 30 克、姜片适量、蒜末适量、葱段适量

调料：盐 3 克、鸡粉 3 克、料酒 6 毫升、水淀粉适量、食用油适量

做法

1 洗净的红椒切开，去籽，切丝；洗好的青椒切开，去籽，切丝。

2 将处理干净的鳝鱼切丝，装入碗中，放入少许鸡粉、盐、料酒、水淀粉，抓匀，再注入适量食用油，腌渍 10 分钟至入味。

3 用油起锅，放入姜片、蒜末、葱段，爆香，放入青椒、红椒，拌炒匀，倒入鳝鱼丝，翻炒匀，淋入适量料酒，炒香，放入洗好的绿豆芽，加入剩余的盐、鸡粉，炒匀调味。

4 倒入适量水淀粉，快速炒匀，把炒好的材料盛出，装入盘中即可。

核桃仁鸡丁

🌿**材料**：胡萝卜 50 克、青椒 60 克、鸡胸肉 120 克、核桃仁 70 克、姜片少许

🍶**调料**：盐 3 克、鸡粉 3 克、食用油适量、水淀粉适量、食粉适量

🍴**做法**

1 去皮的胡萝卜切厚片，再切条，改切成丁。

2 青椒对半切开，去籽，切成丁。

3 鸡胸肉切厚块，切条，再切成丁。

4 鸡胸肉装入碗中，加盐 1 克、鸡粉 1 克。

5 倒入适量水淀粉，抓匀。注入适量食用油，腌渍 10 分钟至入味。

6 锅中注水烧开，放入胡萝卜，焯煮 1 分钟，至其七成熟。捞出，备用。

7 锅中加适量食粉，放入核桃仁，焯煮 1 分钟。捞出，备用。

8 热锅注油，烧至三成热，放入核桃仁，炸出香味。捞出，备用。

9 锅底留油，放入姜片爆香。

10 倒入备好的食材炒至熟软，加入剩余的盐、鸡粉炒匀入味即可。

 菠萝炒鱼片

🌿**材料**：菠萝肉 75 克、草鱼肉 150 克、红椒 25 克、姜片少许、蒜末少许、葱段少许

🍶**调料**：豆瓣酱 7 克、盐 2 克、鸡粉 2 克、料酒 4 毫升、水淀粉少许、食用油适量

🍴**做法**

1 将菠萝肉切开，去除硬芯，再切成片；红椒切开，去籽，再切成小块；把草鱼肉切成片，放入碗中，加入部分盐、鸡粉，淋入水淀粉，拌匀，再注入食用油，腌渍 10 分钟至入味。

2 热锅注油，烧至五成热，放入鱼片，拌匀，滑油至断生，捞出，沥干油，待用。

3 用油起锅，放入姜片、蒜末、葱段，用大火爆香，倒入红椒块，再放入切好的菠萝肉，快速炒匀，倒入鱼片，加入剩余的盐、鸡粉，放入豆瓣酱，淋入料酒，倒入水淀粉，用中火翻炒一会儿，至食材入味即可。

清香蒸鲤鱼

做法

1 处理干净的鲤鱼切下头尾，在鲤鱼身上均匀地抹盐，再抹上胡椒粉，将鱼头竖立在盘子一端，摆好鱼身和鱼尾，并均匀地放上姜片。

2 备好已注水烧开的电蒸锅，放入鲤鱼。加盖，调好时间旋钮，蒸10分钟至熟。

3 揭盖，取出蒸好的鲤鱼，取走姜片，将蒸出的汤水倒掉，放上葱丝。

4 锅置火上，倒入食用油，烧至八成热，将热油浇在鲤鱼上，淋上蒸鱼豉油即可。

材料：鲤鱼 500 克、姜片 10 克、葱丝 10 克

调料：盐 3 克、胡椒粉 1 克、蒸鱼豉油 8 毫升、食用油适量

 ## 鲜橙蒸水蛋

做法

1 洗净的橙子切去头尾，在其 1/3 处切开。

2 用刀挖出果肉，制成橙盅和盅盖。

3 将橙子果肉切块，改切碎末。

4 取一碗，倒入蛋液，放入切好的橙子肉，加入白糖。

5 用筷子搅拌均匀。

6 注入适量清水。

7 拌匀待用。

8 取橙盅，倒入拌好的蛋液，至七八分满。

9 盖上盅盖，待用。

10 打开电蒸笼，向水箱内注入适量清水至最低水位线，放上蒸隔，码好蒸盘，放入橙盅。

11 盖上盖子，按"开关"键通电，选择"鸡蛋"，再按"蒸盘"键。

12 时间设为 18 分钟，再按"开始"键蒸至食材熟透，将食材取出即可。

材料：橙子 180 克、蛋液 90 克

调料：白糖 2 克

鳕鱼蒸鸡蛋

🌿材料：鳕鱼 100 克、鸡蛋 2 个、南瓜 150 克

🥘调料：盐 1 克

🍴做法

1 将洗净的南瓜切成片；鸡蛋打入碗中，打散调匀。烧开蒸锅，放入南瓜、鳕鱼，盖上盖，用中火蒸 15 分钟至熟。

2 揭盖，把蒸熟的南瓜、鳕鱼取出，用刀把鳕鱼压烂，剁成泥状，把南瓜压烂，剁成泥状。

3 在蛋液中加入南瓜、部分鳕鱼，放入盐，搅拌匀。

4 将拌好的材料装入另一个碗中，放在烧开的蒸锅内，盖上盖，用小火蒸 8 分钟。

5 取出蒸好的食材，再放上剩余的鳕鱼肉即可。

 # 蜂蜜蛋花汤

🌿材料：鸡蛋 2 个

🥘调料：蜂蜜少许

🍴做法

1 将鸡蛋打入碗中搅散，调成蛋液待用。

2 锅中注入适量清水烧开，倒入蛋液，边倒边搅拌。

3 用大火略煮至液面浮现蛋花，放入备好的蜂蜜搅拌均匀至其溶入汤汁中。

4 关火后盛出煮好的蛋花汤，装入碗中即可。

人参煲乳鸽

材料： 乳鸽肉 350 克、红枣 25 克、姜片 10 克、人参片 10 克

调料： 盐 3 克、鸡粉 少许、胡椒粉少许、料酒 8 适量

🍴 做法

1 锅中注入适量清水烧开，倒入洗净的乳鸽肉，搅拌匀，淋入料酒，拌煮半分钟。

2 汆去血渍，捞出汆好的食材，沥干水分，待用。

3 砂锅中注入适量清水烧开，倒入汆过水的乳鸽肉，撒上姜片，放入洗净的红枣、人参片，搅拌匀，淋入料酒提味。

4 盖上盖，煮沸后用小火煮60分钟，至食材熟透。

5 揭盖，加入鸡粉、盐，撒上胡椒粉，拌匀调味，转中火略煮片刻，至汤汁入味。

6 关火后盛出煮好的乳鸽汤，装入汤碗中即可。

鸡蛋煎饼

材料： 面粉200克、鸡蛋2个、酵母适量、泡打粉适量

调料： 白糖5克、食用油适量

🍴 做法

1 鸡蛋打入碗中，搅散待用。

2 把面粉倒在案板上，开窝，放入酵母、泡打粉，拌匀，倒入少许温水，搅匀，加入白糖。

3 一边注入温水，一边刮入周边的面粉，倒入鸡蛋液，搅拌匀，揉搓成光滑的面团。

4 在案板上撒上适量面粉，把面团搓成长条形，摘成数个小剂子，将小剂子压成圆饼，制成饼坯。

5 烧热炒锅，倒入适量食用油，烧至三四成热，转小火，下入备好的饼坯，转动炒锅，煎出焦香味，再煎3分钟至两面熟透后，将饼盛入盘中即可。

糖醋鱼块酱瓜粒

🍴 **做法**

1 黄瓜洗净后切丁。

2 把鸡蛋打入碗中，撒上适量生粉，加入少许盐，搅散，注入适量清水，拌匀，将鱼块放入其中，搅拌匀。

3 热锅注油，烧至四五成热，放入腌渍好的鱼块，搅匀，用小火炸3分钟，至食材熟透，捞出沥干油，待用。

4 锅中注入适量清水烧热，加入剩余的盐、鸡粉，撒上白糖，拌匀，倒入番茄酱，快速搅拌匀，加入水淀粉，调成稠汁，待用。

5 取一个盘子，盛入炸熟的鱼块，浇上酸甜汁，撒上黄瓜丁即可。

🌿 **材料**：鱼块300克、鸡蛋1个、黄瓜40克

🥣 **调料**：盐3克、鸡粉3克、白糖3克、番茄酱10克、生粉、水淀粉各适量、食用油适量

 # 鸡蛋蔬菜三明治

🍴 **做法**

1 用蛋糕刀将吐司切成片，备用。

2 煎锅注入少许色拉油，打入鸡蛋，煎至成形，翻面，至其熟透后盛出。

3 锅中加少许色拉油，放入火腿片，煎至两面呈微黄色后盛出。

4 煎锅烧热，放入一片吐司，加入少许黄油，煎至金黄色，盛出。

5 在吐司上刷一层番茄酱，放上荷包蛋、生菜叶，放上黄瓜片，用蛋糕刀从中间切成两半即可。

🌿 **材料**：原味吐司1片、生菜80克、黄油适量、鸡蛋1个、火腿片1片、黄瓜片适量

🥣 **调料**：色拉油适量、番茄酱适量

鸡蛋菠菜蛋饼

做法

1 择洗干净的菠菜切成小块；鸡蛋打入碗中，搅散待用。
2 锅中注入适量清水烧开，加入少许盐、食用油，倒入切好的菠菜，搅匀，煮半分钟至其断生，捞出。
3 将菠菜倒入蛋液中，加入葱花，加入剩余的盐、鸡粉和适量面粉，用筷子调匀。
4 煎锅中倒入适量食用油烧热，倒入混合好的蛋液，摊成饼状，将蛋饼翻面，煎至金黄色后取出，切成块，摆放在盘中即可。

材料：菠菜 90 克、鸡蛋 2 个、面粉 90 克、葱花适量

调料：盐 2 克、鸡粉 2 克、食用油适量

 # 培根煎蛋

做法

1 西红柿切成瓣。
2 热锅注油，打入鸡蛋，撒上适量盐、鸡粉，煎成荷包蛋，盛入盘中待用。
3 锅底留油，放入培根煎至两面微黄色后盛出待用。
4 备好一个盘，摆放上荷包蛋、培根、西红柿即可。

材料：培根 60 克、鸡蛋 2 个、西红柿 50 克

调料：盐 2 克、鸡粉 2 克、食用油适量

蔬菜煎蛋

做法

1 洗净的西红柿切片；鸡蛋打入碗中待用。

2 热锅注油，放入西红柿片，煎至熟软后盛出待用。

3 热锅留油，倒入鸡蛋，煎荷包蛋，中途撒上盐、鸡粉调味。

4 将煎好的鸡蛋盛入盘中，放上西红柿片，将备好的生菜摆放在上面即可。

材料：西红柿90克、鸡蛋2个、生菜适量

调料：盐2克、鸡粉2克、食用油适量

 苦瓜炒鸡蛋

做法

1 苦瓜洗净，切片；鸡蛋打入碗内，加少许盐打散。

2 用油起锅，倒入蛋液炒散，炒熟盛出。

3 锅底留油，倒入蒜末爆香，倒入苦瓜炒至断生。

4 倒入鸡蛋炒散，加入剩余的盐、鸡粉、生抽炒匀入味。

5 用水淀粉勾芡，盛入盘中即可。

材料：苦瓜350克、鸡蛋3个、蒜末适量

调料：盐2克、鸡粉2克、生抽5毫升、食用油适量、水淀粉适量

增强免疫力食谱

增强孩子免疫力所需营养

孩子的免疫力是爸爸妈妈很关心的问题，而且，我国自古以来讲究的是"民以食为天"，那么孩子吃什么可以提高免疫力呢？以下这些营养物质不可少！

一、蛋白质

蛋白质是人体免疫功能的物质基础，如果摄入不足会影响组织修复，使皮肤和黏膜的局部免疫力下降，容易造成病原菌的繁殖和扩散，降低抗感染能力。

二、维生素 A

维生素 A 可以调节人体免疫功能。当人体缺乏维生素 A 时，对细菌、病毒和寄生虫感染的易感性增加，同时呼吸道或消化道感染又会加重维生素 A 的缺乏。常见富含维生素 A 的食物有动物肝脏、全脂乳制品和蛋类。黄绿色蔬菜中所含有的 β-胡萝卜素也可在人体内转化为维生素 A，如胡萝卜、菠菜、豌豆苗、南瓜等。

三、维生素 C

人体缺乏维生素 C 时可导致免疫力下降、骨钙化不全等。常见的富含维生素 C 的食物有新鲜水果和蔬菜，这就需要爸爸妈妈把这些食物添加到宝宝的辅食中。关键是食物新鲜才有效，以免维生素 C 的流失。另外，多数水果糖分含量较高，因此，应优先保证蔬菜摄入量，不能用水果替代蔬菜。

四、铁

铁与免疫力的关系比较密切，可以提高人体免疫力，增加中性粒细胞和巨噬细胞的吞噬功能，同时可使人体的抗感染能力增强。动物肝脏、动物血制品是含铁量丰富的食物，可以在保证卫生的前提下适量摄入。摄入富铁食物的同时可以吃些富含维生素 C 的蔬果，提高植物性铁的吸收率。

五、锌

锌对免疫系统的发育和正常免疫功能的维持有不可忽视的作用。贝壳类海产品、红色肉类、动物内脏等是锌的良好来源，且利用率高。

因此平时要做到每顿饭都保证有新鲜蔬菜、动物性食物和主食，且尽可能不重样，这样孩子吸收的营养才均衡。值得注意的是，饮食只是增强孩子免疫力的因素之一，增加运动量也很关键。

木耳菜蘑菇汤

🌿 **材料**：木耳菜 150 克、口蘑 180 克

🥄 **调料**：盐 2 克、鸡粉 2 克、料酒适量、食用油适量

🍴 **做法**

1 将洗净的口蘑切成片，装入盘中，备用。

2 用油起锅，倒入口蘑，翻炒片刻，淋入料酒，炒香，倒入适量清水，盖上盖，烧开后用中火煮 2 分钟。

3 揭盖，加入盐、鸡粉，放入洗净的木耳菜。用锅勺搅拌匀，煮 1 分钟至木耳菜熟软。

4 将煮好的汤盛出，装入碗中即可。

 # 芋头蒸排骨

🌿 **材料**：芋头 130 克、排骨 180 克、水发香菇 15 克、葱花、姜末各少许、西红柿 1 个

🥄 **调料**：盐 3 克、白糖少许、料酒少许、豉油少许、味精少许、食用油适量

🍴 **做法**

1 洗净的西红柿切片，摆盘；将已去皮洗净的芋头切成菱形块。

2 把洗好的排骨斩成段，装入碗中，加盐、味精、白糖、料酒、姜末、葱花，拌匀，腌渍 10 分钟。

3 锅中倒油烧热，放入芋头，小火炸 2 分钟至熟，捞出沥油，放入有西红柿的盘中。

4 将腌好的排骨也放入盘中，香菇置于排骨上，放入蒸锅中，加盖用中火蒸约 15 分钟至排骨软熟。

5 取出蒸好的食材，淋上少许豉油即可。

韭菜鸭血汤

🌱**材料：**鸭血300克、韭菜150克、姜片少许

🥄**调料：**盐2克、鸡粉2克、芝麻油3毫升、胡椒粉少许

🍴做法

1 洗净的鸭血切成大小一致的片；洗好的韭菜切成小段，备用。

2 锅中注入适量清水烧开，倒入鸭血，略煮一会儿，捞出，沥干水分，待用。

3 另起锅，注入适量清水，用大火烧开，倒入备好的姜片、鸭血，加入盐、鸡粉，搅匀调味，放入韭菜段，淋入芝麻油，撒上少许胡椒粉，搅匀调味。

4 关火后将煮好的汤盛出，装入碗中即可。

 # 胡萝卜鸡肉茄丁

🌱**材料：**去皮茄子100克、鸡胸肉200克、胡萝卜90克、蒜片少许、葱段少许

🥄**调料：**盐2克、白糖2克、胡椒粉3克、蚝油5毫升、生抽5毫升、水淀粉5毫升、料酒10毫升、食用油适量

🍴做法

1 洗净去皮的茄子切丁；洗净去皮的胡萝卜切丁；洗净的鸡胸肉切丁装碗，加入少许盐、料酒、水淀粉、食用油拌匀，腌渍入味。

2 用油起锅，倒入腌好的鸡肉丁翻炒2分钟至转色，盛出装盘待用。

3 另起锅注油，倒入胡萝卜丁炒匀，放入葱段、蒜片，炒香，倒入茄子丁炒1分钟至食材微熟，加入料酒，注入清水搅匀，加入剩余的盐搅匀。盖上盖，用大火焖5分钟至食材熟软。

4 揭盖，倒入鸡肉丁，加入蚝油、胡椒粉、生抽、白糖，炒1分钟至入味即可。

粉蒸牛肉

做法

1 处理好的牛肉切成片，待用。
2 取一个碗，倒入牛肉，加入盐、鸡粉，放入料酒、生抽、蚝油、水淀粉，搅拌匀，加入适量的蒸肉米粉，搅拌片刻，取一个蒸盘，将拌好的牛肉装入盘中。
3 蒸锅上火烧开，放入牛肉，盖上锅盖，大火蒸 20 分钟至熟透。
4 取出蒸好的食材装盘，放上蒜末、香菜碎、葱花；锅中注入食用油，烧至六成热，将烧好的热油浇在牛肉上即可。

材料：牛肉 300 克、蒸肉米粉 100 克、蒜末少许、香菜碎少许、葱花少许

调料：盐 2 克、鸡粉 2 克、料酒 5 毫升、生抽 4 毫升、蚝油 4 毫升、水淀粉 5 毫升、食用油适量

 # 五杯鸭

做法

1 热锅注油烧热，倒入八角、姜片，爆香，放入处理好的鸭肉块，煎至两面焦黄，倒入白糖，翻炒均匀至溶化，淋入料酒、生抽，拌匀，放入白醋，翻炒均匀。
2 盖上盖，大火煮开后转小火煮40 分钟。
3 掀开盖，加入鸡粉，翻炒调味。
4 关火后将菜肴盛出装入碗中，放上香菜即可。

材料：鸭肉块 500 克、八角 15 克、姜片少许、香菜少许

调料：料酒 100 毫升、生抽 80 毫升、食用油 80 毫升、白糖 75 克、白醋 60 毫升、鸡粉 2 克

苦瓜牛柳

🍲材料: 牛肉80克、苦瓜120克、姜片少许、蒜片少许、葱段少许、朝天椒5克、豆豉40克

🥄调料: 盐2克、鸡粉2克、胡椒粉2克、料酒5毫升、水淀粉5毫升、食用油适量

🍴做法

1 洗净的朝天椒斜刀切圈。

2 苦瓜去籽,去内瓤,切成短条。

3 牛肉切大块,切片,改切成条。

4 往牛肉中放入适量盐、鸡粉、胡椒粉,淋上料酒,拌匀,腌渍10分钟。

5 锅中注水烧开,倒入腌渍好的牛肉,搅散,汆煮片刻,去除血水出捞待用。

6 热锅注油烧热,倒入葱段、姜片、蒜片、朝天椒、豆豉,爆香。

7 倒入苦瓜条,炒匀,注入适量的清水,拌匀。倒入牛肉,炒拌。

8 撒上剩余的盐、鸡粉,拌匀。

9 放入水淀粉,炒匀后盛入盘中即可。

 # 山楂玉米粒

🍲材料: 鲜玉米粒100克、水发山楂20克、姜片少许、葱段少许

🥄调料: 盐3克、鸡粉2克、水淀粉适量、食用油适量

🍴做法

1 锅中注入适量清水,用大火烧开,加入适量盐,倒入玉米粒,搅拌开,焯煮1分钟,放入泡发洗好的山楂,焯煮片刻。

2 捞出焯煮好的玉米粒和山楂,沥干水分,装入盘中备用。

3 热锅注油,烧热后下入姜片、葱段,炒香,倒入焯煮好的玉米和山楂,快速拌炒匀,加入剩余的盐、鸡粉,炒匀调味,倒入适量水淀粉,快速拌炒至锅中食材入味。

4 关火,盛出炒好的菜肴即可。

豌豆炒牛肉粒

🌿**材料**：牛肉 260 克、彩椒 20 克、豌豆 300 克、姜片少许

🥄**调料**：盐 2 克、鸡粉 2 克、料酒 3 毫升、食粉 2 克、水淀粉 10 毫升、食用油适量

🍴 **做法**

1 将洗净的彩椒切成条形，改切成丁；洗好的牛肉切成片，再切成条形，改切成粒。

2 将牛肉粒装入碗中，加入适量盐、料酒、食粉、水淀粉，拌匀，淋入少许食用油，拌匀，腌渍 15 分钟，至其入味。

3 锅中注入清水烧开，倒入豌豆、彩椒，拌匀，煮至断生，捞出待用。

4 热锅注油，烧至四成热，倒入牛肉，拌匀，捞出待用。

5 用油起锅，放入姜片，爆香，倒入牛肉，炒匀，淋入适量料酒，炒香，倒入焯过水的食材，炒匀，加入剩余的盐、鸡粉、料酒、水淀粉，翻炒均匀即可。

 杨桃炒牛肉

🌿**材料**：牛肉 130 克、杨桃 120 克、彩椒 50 克、姜片少许、蒜片少许、葱段少许

🥄**调料**：盐 3 克、鸡粉 2 克、食粉少许、白糖少许、蚝油 6 毫升、料酒 4 毫升、生抽 10 毫升、水淀粉适量、食用油适量

🍴 **做法**

1 彩椒切条，再切成小块；牛肉切成片；杨桃切片。

2 把牛肉片装入碗中，淋入少许生抽、食粉、盐、鸡粉，搅拌匀。

3 淋入适量水淀粉，拌匀上浆，腌渍 10 分钟，至其入味。

4 锅中水烧开，倒入牛肉，搅拌匀。

5 余至其变色后捞出，待用。

6 用油起锅，倒入姜片、蒜片、葱段，爆香。

7 倒入牛肉片，炒匀，淋入料酒，炒匀提味。倒入杨桃片，撒上彩椒，用大火快炒，至食材熟软。

8 转小火，淋入生抽，放入蚝油、盐、鸡粉、白糖，炒匀即可。

香菇鸡肉饼

🍃**材料**：鸡胸肉 120 克、香菇 50 克、鸡蛋 1 个、面粉适量

🥄**调料**：盐少许、核桃油适量、食用油适量

🍴**做法**

1 洗净的香菇去蒂切碎，待用；洗净的鸡胸肉切片，再剁成泥，装入碗中打入鸡蛋，搅拌均匀。

2 热锅注油，放入切好的香菇，加入少许盐，翻炒均匀起锅，放入盛有鸡蛋液的碗中，搅拌均匀，加入面粉，再加入核桃油搅拌匀。

3 热锅，将搅拌均匀的混合物倒入锅中，用铲子抹平，盖上锅盖用小火焖 2 分钟，翻面，再盖上锅盖用小火焖 3 分钟至两面金黄。

4 关火，揭开锅盖，将煎好的蛋饼盛入盘中即可。

 山药炒丝瓜

🍃**材料**：丝瓜 120 克、山药 100 克、枸杞 10 克、蒜末少许、葱段少许

🥄**调料**：盐 3 克、水淀粉 5 毫升、食用油适量、鸡粉适量

🍴**做法**

1 将洗净的丝瓜对半切开，切成条形，再切成小块；洗好去皮的山药切段，再切成片。

2 锅中注水烧开，加入少许食用油、盐，倒入山药片搅匀，撒上洗净的枸杞，略煮片刻，再倒入切好的丝瓜，搅拌匀，煮半分钟至食材断生后捞出，沥水待用。

3 用油起锅，放入蒜末、葱段，爆香，倒入焯过水的食材翻炒匀，加入鸡粉、剩余的盐，炒匀调味，淋入水淀粉，快速炒匀至食材熟透。

4 关火后盛出炒好的食材，装入盘中即可。

蘑菇竹笋豆腐

🌿**材料**：豆腐 400 克、竹笋 50 克、口蘑 60 克、葱花少许

🥄**调料**：盐适量、水淀粉 4 毫升、鸡粉 2 克、生抽适量、老抽适量、食用油适量

🍴**做法**

1 洗净的豆腐切条，再切块。
2 洗好的口蘑切厚片，改切成丁。
3 去皮洗净的竹笋切开，再切条，改切成丁。
4 锅中注入适量清水烧开，放少许盐。
5 倒入切好的口蘑、竹笋，搅拌匀，煮 1 分钟。
6 放入切好的豆腐，搅拌均匀，略煮片刻。
7 把焯煮好的食材捞出，沥干水分，装盘备用。
8 锅中倒入适量食用油，放入焯过水的食材，翻炒匀。
9 加入适量清水。
10 放入适量盐、鸡粉、生抽，炒匀。
11 加老抽，翻炒均匀。
12 淋入水淀粉勾芡。
13 关火后把炒好的食材盛出装入盘中，撒上葱花即可。

 木耳山药

🌿**材料**：水发木耳 80 克、去皮山药 200 克、圆椒 40 克、彩椒 40 克、葱段少许、姜片少许

🥄**调料**：盐 2 克、鸡粉 2 克、蚝油适量、食用油适量

🍴**做法**

1 洗净的圆椒切开，去籽，切成块；洗净的彩椒切开，去籽，切成条，再切片；洗净去皮的山药切开，再切成厚片。
2 锅中注水烧开，倒入山药片、木耳、圆椒块、彩椒片拌匀，汆煮片刻至断生，捞出，沥水待用。
3 用油起锅，倒入姜片、葱段，爆香，放入蚝油，再放入汆煮好的食材，加入盐、鸡粉，翻炒片刻至入味。
4 将炒好的菜肴盛出装入盘中即可。

洋葱西红柿通心粉

材料：通心粉 85 克、西红柿 100 克、洋葱 35 克

调料：盐 3 克、鸡粉 2 克、番茄酱适量、食用油少许

做法

1 洗净的洋葱切条，再切成小块；洗好的西红柿切成两半，再切成小块，备用。

2 锅中注入适量清水烧开，淋入适量食用油，加入盐、鸡粉。倒入备好的通心粉，搅匀。盖上盖，用中火煮约 3 分钟至其断生。

3 倒入切好的西红柿、洋葱，搅拌匀，加入番茄酱，拌匀，煮 2 分钟至食材入味。

4 关火后盛出煮好的食材，装入碗中即可。

 # 鲜虾丸子清汤

材料：虾肉 50 克、蛋清 20 克、包菜 30 克、菠菜 30 克

调料：盐适量

做法

1 洗净的菠菜切成段。

2 洗净的包菜切成丝，再切碎。

3 洗净的虾肉去虾线，切碎，再剁成泥状。

4 虾泥装入碗中，倒入蛋清，搅拌匀。

5 锅中注入适量的清水大火烧开。

6 倒入包菜碎、菠菜段，搅拌片刻。

7 将食材捞出，沥干水分，待用。

8 另起锅，注入适量清水大火烧开。

9 用勺子将虾泥制成丸子，逐一放入热水中。

10 倒入焯过水的食材，加入适量盐，搅拌片刻。

11 再次煮开后，撇去浮沫。

12 将汤盛出装入碗中即可。

虾仁西蓝花

材料： 西蓝花 230 克、虾仁 6 克

调料： 盐少许、鸡粉少许、水淀粉少许、食用油适量

做法

1 锅中注入适量清水烧开，加入少许食用油、盐，倒入洗净的西蓝花，拌匀，煮 1 分钟至其断生，捞出，沥水，装盘，放凉后切掉根部，取菜花部分。

2 洗净的虾仁切成小段，装碗，加少许盐、鸡粉、水淀粉，拌匀，腌渍 10 分钟，备用。

3 炒锅注油烧热，注入适量清水，加剩余的盐、鸡粉，倒入腌渍好的虾仁拌匀，煮至虾身卷起并呈现淡红色，捞出待用。

4 取一盘，摆上西蓝花和虾仁即可。

 # 红薯米糊

材料： 去皮红薯 100 克、燕麦 80 克、水发大米 100 克、姜片少许

做法

1 洗净的红薯切成块。

2 取豆浆机，倒入燕麦、红薯、姜片、大米，注入适量清水，至水位线即可，盖上豆浆机机头，按"选择"键，选择"快速豆浆"选项，再按"启动"键开始运转，待豆浆机运转约 20 分钟，即成米糊。

3 将豆浆机断电，取下机头，将煮好的红薯米糊倒入碗中，待凉后即可食用。

三色饭团

🌱**材料：** 菠菜 45 克、胡萝卜 35 克、冷米饭 90 克、熟蛋黄 25 克

🍴做法

1 熟蛋黄切碎，碾成末。
2 洗净的胡萝卜去皮，切薄片，再切细丝，改切成粒。
3 锅中注入适量清水烧开，倒入洗净的菠菜，拌匀，煮至变软。
4 捞出菠菜，沥干水分，放凉待用。
5 沸水锅中放入胡萝卜，焯煮一会儿。
6 捞出胡萝卜，沥干水分，待用。
7 将放凉的菠菜切成段，待用。
8 取一大碗，倒入米饭、菠菜、胡萝卜，放入蛋黄，和匀至其有黏性。
9 将拌好的米饭制成几个大小均匀的饭团。
10 放入盘中，摆好即可。

 ## 鱼泥小馄饨

🌱**材料：** 鱼肉 200~300 克、胡萝卜半根、鸡蛋 1 个、小馄饨皮适量

🥄**调料：** 生抽 5 毫升

🍴做法

1 鱼肉剁泥；鸡蛋打入碗中，打散。
2 胡萝卜去皮，切成圆形薄片，剁碎。
3 将胡萝卜碎、鸡蛋液、生抽倒入盛有鱼泥的碗内，拌匀。
4 取小馄饨皮，放入馅料，包成小馄饨。
5 将小馄饨放入沸水锅中煮熟，出锅装碗即可。

虾仁四季豆

材料： 四季豆 200 克、虾仁 70 克、姜片少许、蒜末少许、葱白少许

调料： 盐适量、鸡粉适量、料酒 4 毫升、水淀粉适量、食用油适量

做法

1 把洗净的四季豆切成段；洗好的虾仁由背部切开，去除虾线，装入碗中，放入少许盐、鸡粉、水淀粉，抓匀，倒入适量食用油，腌渍 10 分钟至入味。

2 锅中注水烧开，加入适量食用油、盐，倒入四季豆，焯煮 2 分钟至其断生，捞出，备用。

3 用油起锅，放入姜片、蒜末、葱白，爆香，倒入腌渍好的虾仁，拌炒匀，放入四季豆，炒匀，淋入料酒，炒香，加入适量盐、鸡粉，炒匀调味，倒入适量水淀粉，拌炒均匀。

4 将炒好的菜盛出，装盘即可。

 # 银鱼豆腐面

材料： 面条 160 克、豆腐 80 克、黄豆芽 40 克、银鱼干少许、柴鱼汤 500 毫升、蛋清 15 克

调料： 盐 2 克、生抽 5 毫升、水淀粉适量

做法

1 将洗净的豆腐切小方块，备用。

2 锅中注水烧开，倒入面条搅匀，用中火煮 4 分钟至面条熟透，关火后捞出，沥水，待用。

3 另起锅，注入柴鱼汤，放入洗净的银鱼干拌匀，大火煮沸，加入盐、生抽，再倒入洗净的黄豆芽，放入豆腐块拌匀，淋入适量水淀粉拌匀煮至熟透，倒入蛋清，边倒边搅拌，制成汤料，待用。

4 取一个汤碗，放入煮熟的面条，盛入锅中的汤料即可。

山药红枣鸡汤

🌿**材料**：鸡肉 400 克、山药 230 克、红枣少许、枸杞少许、姜片少许

🥄**调料**：盐 3 克、鸡粉 2 克、料酒 4 毫升

🍴做法

1 洗净去皮的山药切开，再切滚刀块；洗好的鸡肉切块，备用。

2 锅中注入适量清水烧开，倒入鸡肉块，搅拌均匀，淋入少许料酒，用大火煮 2 分钟，撇去浮沫，捞出，沥干水分，装盘备用。

3 锅中注水烧开，倒入鸡肉块、山药块、红枣、姜片、枸杞，淋入剩余的料酒，用小火煮 40 分钟至食材熟透，加入盐、鸡粉搅拌均匀，略煮片刻至食材入味，装碗即可。

蛋黄鱼片

🌿**材料**：草鱼 300 克、鸡蛋 3 个、葱花少许

🥄**调料**：盐适量、味精适量、水淀粉适量、胡椒粉适量、鸡粉适量、食用油适量

🍴做法

1 将处理好的草鱼切片。

2 鱼片加适量盐、味精拌匀。

3 加入水淀粉拌匀，再加食用油。

4 拌匀，腌渍 10 分钟。

5 鸡蛋打入碗内，去蛋清。

6 蛋黄加少许盐、鸡粉。

7 倒入少许温水拌匀。

8 撒入胡椒粉，淋入熟油拌匀，盛入盘中。

9 将蛋液放入蒸锅内。

10 加盖，慢火蒸 5 分钟。

11 揭盖，将鱼片铺在蛋羹上。

12 加盖，蒸 1 分钟。

13 取出蒸好的蛋黄鱼片。

14 撒上葱花，浇上熟油即可。

鲜鱼奶酪煎饼

🌿**材料**：鲈鱼肉180克、土豆130克、西蓝花30克、奶酪35克

🍲**调料**：食用油适量

做法

1 将去皮洗净的土豆切片，改切成小块。
2 锅中注入适量清水烧开。
3 放入西蓝花，煮至其断生，捞出，沥干水分，凉凉备用。
4 蒸锅上火烧开，分别放入装有土豆和鱼肉的蒸盘，盖上锅盖，用中火蒸至食材熟软，取出蒸好的食材，凉凉备用。
5 西蓝花切小朵，再剁成末；鱼肉去除鱼皮，鱼肉压碎，剁成末；土豆用刀压成泥状，待用。
6 土豆泥中，放入奶酪，搅拌均匀，再倒入鱼肉泥，搅拌匀。
7 将土豆鱼肉泥，压成饼状。
8 热锅注油烧热，放入鱼饼煎熟，并将一面煎至微黄后盛出，切成块，摆放在盘中即可。

山药羊肉汤

做法

1 锅中注水烧开，倒入洗净的羊肉拌匀，煮2分钟后捞出过冷水，装盘备用。
2 锅中注水烧开，倒入山药块、葱段、姜片、羊肉拌匀，用大火烧开后转小火炖煮40分钟。
3 揭开盖，捞出煮好的羊肉切块，装入碗中，浇上锅中煮好的汤水即可。

🌿**材料**：羊肉300克、山药块250克、葱段少许、姜片少许

菠菜肉末面

🌿**材料**：面条 85 克、肉末 55 克、胡萝卜 50 克、菠菜 45 克

🥄**调料**：盐少许、食用油 2 毫升

🍴**做法**

1 将洗好的菠菜切成颗粒状；去皮洗净的胡萝卜切片，改切成细丝，切成粒。

2 汤锅中注水烧开，倒入胡萝卜粒，加入少许盐，注入食用油拌匀，盖上盖，用小火煮 3 分钟至胡萝卜断生，揭盖，放入肉末拌匀，搅散，煮至汤汁沸腾，下入备好的面条拌匀，使面条散开，盖好盖，用小火煮 5 分钟至面条熟透。

3 取下盖子，倒入菠菜末拌匀，续煮片刻至断生。

4 关火后盛出煮好的面条，放在小碗中即可。

 山药脆饼

🌿**材料**：面粉 90 克、去皮山药 120 克、豆沙 50 克

🥄**调料**：白糖适量、食用油适量

🍴**做法**

1 山药对半切开，切块，装碗。

2 电蒸锅注水烧开，放入山药块。

3 加盖，蒸 20 分钟至熟透。

4 将蒸熟的山药放入保鲜袋中。

5 用擀面杖将山药碾成泥。

6 将山药泥放入大碗中，倒入 80 克面粉，注入 40 毫升清水，搅拌均匀。

7 将拌匀的山药泥及面粉倒在案台上，揉搓成纯滑面团。

8 套上保鲜袋，饧发 30 分钟。

9 取出饧发好的面团，撒上少许面粉，搓成长条状，掰成数个剂子。

10 剂子稍稍搓圆，压成圆饼状。

11 往饼皮里放上适量的豆沙作为馅料包好，摆放在盘中待用。

12 热锅注油，放入生坯煎至两面为黄色后盛出摆放在盘中，撒上适量的白糖即可。

松仁菠菜

做法

1 洗净的菠菜切三段。

2 冷锅中倒入适量的油，放入松仁，用小火翻炒至香味飘出。

3 关火后盛出炒好的松仁，装碟，撒上少许盐，拌匀，待用。

4 锅留底油，倒入切好的菠菜，用大火翻炒2分钟至熟，加入剩余的盐、鸡粉，炒匀。

5 关火后盛出炒好的菠菜，装盘，撒上拌好盐的松仁即可。

🌿**材料**：菠菜 270 克、松仁 35 克

🥄**调料**：盐 3 克、鸡粉 2 克、食用油 15 毫升

 # 鸡肉西红柿汤

做法

1 处理好的鸡肉切成片；洗净的西红柿切块待用。

2 备好电饭锅，加入备好的鸡肉、西红柿，再放入姜片、盐，注入适量清水拌匀，盖上盖，按下"功能"键，调至"靓汤"状态，时间定为30分钟煮至食材熟透。

3 待30分钟后，按下"取消"键，打开锅盖，倒入备好的葱花拌匀。

4 将煮好的汤盛出装入碗中即可。

🌿**材料**：鸡肉 200 克、西红柿 70 克、姜片 10 克、葱花 5 克

🥄**调料**：盐 3 克

香菇猪肚汤

材料：香菇 70 克、猪肚 300 克、姜片适量、水发枸杞 10 克、葱段适量

调料：盐 3 克、鸡粉 3 克、料酒 10 毫升、食用油适量

做法

1 洗净的香菇切块。
2 锅中注入适量清水烧开，倒入洗净的猪肚，拌匀，加入适量料酒，用大火煮 5 分钟，汆去异味，捞出，放凉后将其切成小段，备用。
3 用油起锅，放入姜片，爆香，倒入猪肚，炒匀，淋入料酒，炒香，撒上葱段，炒出香味，注入适量热水，用大火煮沸，撇去浮沫。
4 倒入香菇，盖上盖，用中火煮 10 分钟至食材熟透，揭盖，加入盐、鸡粉，枸杞，拌匀后盛入碗即可。

照烧鸡肉饭

材料：鸡肉块 200 克、白芝麻 30 克、西蓝花 80 克、米饭 400 克、蒜末适量

调料：料酒 5 毫升、盐 3 克、鸡粉 3 克、生抽 5 毫升、食用油适量、老抽 2 毫升

做法

1 往鸡肉中加料酒、2 克盐、2 克鸡粉、生抽抓匀。
2 西蓝花切小朵后放入沸水锅中，加 1 克盐和 1 克鸡粉，煮至断生捞出，沥干水摆在熟白米饭上。
3 锅中注油烧热，倒入鸡块，用锅铲搅散，炸 1 分钟至熟透。
4 锅底留少许油，倒入蒜末爆香，倒入鸡块炒匀，转小火，淋上料酒、老抽，撒上白芝麻，炒匀。
5 盛出炒好的鸡肉块，盖在备好的米饭和西蓝花上即可。

西蓝花炒虾仁

🍴 **做法**

1 西蓝花切小朵；虾仁去掉虾线。
2 热锅注油，倒入蒜末爆香，倒入虾仁炒至转色，倒入西蓝花炒匀。
3 加入盐、鸡粉、生抽炒匀调味，加入适量清水煮沸后，用水淀粉勾芡。
4 将炒好的食材盛入盘中即可。

🌿 **材料：**西蓝花 90 克、虾仁 100 克、蒜末适量

🍶 **调料：**盐 2 克、鸡粉 2 克、食用油适量、生抽 5 毫升、水淀粉适量

山药玉米汤

🍴 **做法**

1 山药切小块。
2 锅中注入适量清水煮开，倒入玉米粒、山药拌匀。
3 加盖，中火煮 15 分钟。
4 揭盖，加入盐、鸡粉、食用油拌匀入味。
5 关火后将汤汁盛入碗中即可。

🌿 **材料：**玉米粒 70 克、去皮山药 150 克

🍶 **调料：**盐 2 克、鸡粉 2 克、食用油适量

美味意大利面

材料： 意大利面 200 克、炸鸡块 100 克、番茄酱 20 克

调料： 盐 2 克、鸡粉 2 克、食用油适量、香料适量

做法
1 锅内注入适量清水烧开，倒入意大利面煮至熟软。
2 将意大利面捞出盛入盘中。
3 热锅注油，倒入意大利面炒匀，加入盐、鸡粉炒匀入味。
4 将炒好的意大利面盛出装入盘中，摆放上炸鸡块，挤上番茄酱，撒上香料即可。

 # 鸡肉炒饭

材料： 鸡胸肉 90 克、米饭 300 克、豌豆 60 克、红椒 20 克、葱花适量

调料： 盐 2 克、鸡粉 2 克、食用油适量

做法
1 鸡胸肉切块；红椒切块。
2 热锅注油，倒入鸡胸肉炒至变色后捞出待用。
3 锅内注水烧开，倒入豌豆煮至断生后捞出待用。
4 热锅注油，倒入米饭炒散，倒入鸡肉、豌豆炒匀，加入盐、鸡粉炒匀入味，倒入红椒翻炒至熟。
5 关火后，将炒好的米饭盛入碗中，撒上葱花即可。

鸡肉沙拉

做法

1 锅内注水烧开，倒入鸡胸肉，煮至变白色，捞出冷却后切成块。
2 备好一个碗，放入鸡胸肉块，放入盐、鸡粉、胡椒粉、橄榄油拌匀。
3 备好一个盘，摆放上洗净的生菜，放上鸡胸肉块即可。

材料：鸡胸肉 200 克、生菜适量

调料：盐 2 克、鸡粉 2 克、胡椒粉 2 克、橄榄油适量

 鸡肉丸子汤

做法

1 熟鸡胸肉切成碎末，倒入碗中，加入盐、鸡粉，放入黑胡椒粉、料酒再注入水淀粉，快速拌一会儿，使肉质起劲。
2 将鸡肉分成数个肉丸，整好形状，待用。
3 锅置火上，注入适量清水，大火煮沸，倒入鸡肉丸，放入胡萝卜、菠菜，盖上盖，烧开后转小火煮10 分钟。
4 揭盖，将食材盛入碗中即可。

材料：熟鸡胸肉 170 克、胡萝卜 40 克、菠菜 40 克

调料：盐 3 克、鸡粉 3 克、黑胡椒粉 3 克、料酒 10 毫升、水淀粉适量

酸甜炸鸡块

材料：鸡胸肉 300 克、鸡蛋 3 个、面包糠 100 克、番茄酱 60 克、熟白芝麻少许

调料：盐 3 克、鸡粉 3 克、辣椒粉 3 克、食用油适量

做法

1 鸡胸肉切块，加入盐、鸡粉、辣椒粉、食用油拌匀入味，腌渍 10 分钟至入味。

2 鸡蛋打入盘中，搅散。

3 面包糠倒入另一盘中，鸡肉块包裹上面包糠待用。

4 热锅注油烧至七成热，放入鸡肉块，油炸至微黄色，捞出沥油待用。

5 锅内留油，倒入鸡块，挤上番茄酱炒匀。

6 关火后，将鸡肉块盛入盘中，撒上熟白芝麻即可。

 西红柿烧牛肉

材料：板栗 60 克、西红柿 70 克、牛肉块 100 克、香菜适量、蒜末适量

调料：盐 3 克、鸡粉 3 克、生抽 5 毫升、食用油适量

做法

1 热锅注油，倒入蒜末爆香，倒入牛肉炒至转色，倒入板栗、西红柿炒匀，加入适量清水煮 20 分钟。

2 揭盖，加入盐、鸡粉、生抽拌匀入味。

3 关火后，将煮好的食材盛入碗中，撒上香菜即可。

增高助长食谱

帮助孩子长高，这些物质不可少！

相信大多数父母都很注意孩子的饮食，平时十分注重给孩子补充营养。确实，有研究表明，营养丰富、均衡的孩子比普通儿童每年能多长高3~5厘米。但是，吃得多就一定长得高吗？哪些营养是长高必不可少的呢？有助于长高的营养到底该怎样补充呢？一起来看看下面这些有助于孩子长高的营养物质吧！

一、赖氨酸

一般富含蛋白质的食物都含有赖氨酸，如肉类、禽类、蛋类、鱼类、虾类、贝类、乳制品、豆类、黑芝麻等。需要注意的是，谷类食品或花生并不含人体需要的赖氨酸。

二、钙

牛奶、酸奶、奶酪、泥鳅、河蚌、螺、虾米、海带、酥炸鱼、牡蛎、花生、芝麻酱、豆腐、松子、甘蓝菜、花菜、白菜、油菜等食物中富含钙质。

三、蛋白质

蛋白质的主要来源是肉、蛋、奶和豆类食品。一般而言，来自于动物的蛋白质有较高的品质，含有充足的必需氨基酸。

四、生物素

在牛奶、牛肝、蛋黄、动物肾脏、草莓、柚子、葡萄、瘦肉、糙米、啤酒、小麦中都含有生物素。

五、维生素A

维生素A的食物来源：动物性食物，如鱼肝油、鸡蛋等；植物性食物，主要有深绿色或红黄色的蔬菜、水果，如胡萝卜、红心红薯、芒果、辣椒和柿子等。还有一类是药食同源的食物，如车前子、防风、紫苏、藿香、枸杞等。

六、维生素D

鱼肝油、牛奶、蛋黄等动物性食品中含有维生素D_3，皮肤中的7-脱氢胆固醇经紫外线照射变为维生素D_3前体，然后在一定温度下异构为维生素D_3。

黄瓜炒土豆丝

🌱**材料**：土豆120克、黄瓜110克、葱末少许、蒜末少许

🥄**调料**：盐3克、鸡粉适量、水淀粉适量、食用油适量

🍴做法

1 把洗好的黄瓜切片，再切成丝。
2 去皮洗净的土豆切片，改切成细丝。
3 锅中注入适量清水烧开，放入少许盐。
4 倒入土豆丝，搅拌匀，煮半分钟至其断生。
5 捞出焯好的土豆丝，沥干水分，放在盘中，待用。
6 用油起锅，下入蒜末、葱末，用大火爆香。
7 倒入黄瓜丝，翻炒片刻，至析出汁水。
8 放入焯煮过的土豆丝，快速翻炒至全部食材熟透。
9 加入剩余的盐、鸡粉，转中火翻炒至食材入味。
10 淋入少许水淀粉勾芡。
11 关火后盛出菜肴，装在碗中即可。

青菜蒸豆腐

🌱**材料**：豆腐100克、小油菜60克、熟鸡蛋1个

🥄**调料**：盐2克、水淀粉4毫升

🍴做法

1 锅中注入适量清水烧开。
2 放入洗净的小油菜，拌匀，焯煮半分钟。
3 待其断生后捞出，沥干水分，放在盘中，凉凉。
4 将放凉后的小油菜切碎，剁成末。
5 洗净的豆腐压碎，剁成泥。
6 熟鸡蛋取蛋黄，用刀压成碎末。
7 取一个干净的碗，倒入豆腐泥。
8 放入切好的小油菜，搅拌匀。
9 加入盐，拌至盐分溶化。
10 淋入水淀粉，拌匀上浆。
11 将拌好的食材装入另一个大碗中，抹平。
12 均匀地撒上蛋黄末，即成蛋黄豆腐泥。
13 蒸锅上火烧沸，放入装有蛋黄豆腐泥的大碗。
14 盖上盖子，用中火蒸8分即可。

猪肝豆腐汤

材料： 猪肝 100 克、豆腐 150 克、葱花少许、姜片少许

调料： 盐 2 克、生粉 3 克

做法

1 锅中注水烧开，倒入洗净切块的豆腐，拌煮至断生。

2 放入已经洗净切好，并用生粉腌渍过的猪肝，撒入姜片、葱花，煮沸，加盐拌匀调味。

3 用小火煮 5 分钟，至汤汁收浓。

4 关火后盛出汤料，装碗即可。

 海带虾仁炒鸡蛋

材料： 海带 85 克、虾仁 75 克、鸡蛋 3 个、葱段少许

调料： 盐 3 克、鸡粉 4 克、料酒 12 毫升、生抽 4 毫升、水淀粉 4 毫升、芝麻油适量、食用油适量

做法

1 洗好的海带切成小块；处理好的虾仁切开背部，去除虾线，装入碗中，放入少许料酒、盐、鸡粉，拌匀，加入适量水淀粉拌匀，淋入芝麻油拌匀，腌渍 10 分钟。

2 鸡蛋打入碗中，放入剩余的盐、鸡粉，用筷子打散、搅匀，倒入热油锅中，翻炒热，盛出备用。

3 锅中注入适量清水烧开，倒入海带，煮半分钟捞出，沥水备用。

4 用油起锅，倒入虾仁，快速翻炒至变色，加入焯过水的海带炒匀，淋料酒、生抽，加鸡粉炒匀调味，倒入炒好的鸡蛋翻炒，加入葱段，炒匀即可。

虾仁豆腐泥

🌿 材料：虾仁 45 克、豆腐 180 克、胡萝卜 50 克、高汤 200 毫升

🥄 调料：盐 2 克

🍴 做法

1 将洗净的胡萝卜切片，再切成丝，改切成粒；把洗好的豆腐压烂，剁碎；用牙签挑去虾仁的虾线，用刀把虾仁压烂，剁成末。

2 锅中倒入适量高汤，放入切好的胡萝卜粒，盖上盖，烧开后用小火煮 5 分钟至胡萝卜熟透，揭盖，放入盐，下入豆腐，搅匀煮沸，倒入准备好的虾肉末，搅拌均匀，续煮片刻。

3 把煮好的虾仁豆腐泥装入碗中即可。

虾仁馄饨

🌿 材料：馄饨皮 70 克、虾皮 15 克、紫菜 5 克、虾仁 60 克、猪肉 45 克、葱花少许

🥄 调料：盐 2 克、鸡粉 3 克、生粉 4 克、胡椒粉 3 克、芝麻油适量、食用油适量

🍴 做法

1 洗净的虾仁拍碎，剁成虾泥。

2 洗好的猪肉切片，剁成肉末。

3 把虾泥、肉末装入碗中。加入适量鸡粉、盐，撒上胡椒粉，搅拌均匀。

4 倒入生粉，拌至起劲。淋入少许芝麻油，拌匀，腌渍 10 分钟，制成馅料。

5 取馄饨皮，放入适量馅料，沿对角线折起，卷成条形，再将条形对折，收紧口，制成馄饨生坯，装在盘中，待用。

6 锅中注水烧开，撒上紫菜、虾皮。

7 加入剩余的盐、鸡粉、食用油，拌匀，略煮。放入馄饨生坯，拌匀。

8 用大火煮 3 分钟，至其熟透。

9 盛出煮好的馄饨，撒上葱花即可。

玉米虾仁汤

材料：西红柿70克、西蓝花65克、虾仁60克、鲜玉米粒50克、高汤200毫升

调料：盐2克

做法

1 将洗净的西红柿切片，再切碎，剁成末。
2 洗好的玉米粒切碎，剁成末。
3 洗净的虾仁挑去虾线，再剁成末。
4 洗好的西蓝花切成小朵，剁成末。
5 锅中注入适量清水烧开，倒入高汤，倒入切好的西红柿，放入玉米末，搅拌均匀。
6 盖上盖子，煮沸后用小火煮3分钟。
7 取下盖子，下入切好的西蓝花，搅拌匀，用大火煮沸。
8 加入盐，拌匀调味。
9 下入虾肉末，拌匀，用中小火续煮片刻至全部食材熟透。
10 关火后盛出煮好的虾仁汤即可。

 # 虾菇油菜心

材料：小油菜100克、鲜香菇60克、虾仁50克、姜片少许、葱段少许、蒜末少许

调料：盐适量、鸡粉适量、料酒3毫升、水淀粉适量、食用油适量

做法

1 将洗净的香菇切成小片；洗好的虾仁由背部划开，挑去虾线，装在小碟子中，放入少许盐、鸡粉、水淀粉拌匀，再注入适量食用油，腌渍约10分钟至入味。
2 锅中注入约500毫升清水烧开，放入少许盐、鸡粉，再倒入洗净的小油菜，搅拌片刻，煮1分钟至其断生后捞出，沥水待用，再放入香菇拌匀，煮半分钟捞出，沥水待用。
3 用油起锅，放入姜片、蒜末、葱段，用大火爆香，倒入香菇，再放入虾仁炒匀，淋入少许料酒，翻炒一会儿至虾身呈淡红色，加入盐、鸡粉调味，用大火快炒至熟，关火。
4 取一个盘子，摆上小油菜，再盛出锅中的食材，装盘即可。

番石榴牛奶

做法

1 洗好的番石榴切开，去籽，改切成小块，备用。
2 取榨汁机，选择搅拌刀座组合。
3 将切好的番石榴放入搅拌杯中，再倒入热牛奶，盖好盖，选择"榨汁"功能，榨取果汁。
4 断电后倒出榨好的果汁，装入碗中即可。

材料： 番石榴 70 克、热牛奶 300 毫升

 # 洋葱虾泥

做法

1 将去皮洗净的洋葱切条，改切成粒。
2 用牙签挑去虾仁的虾线，用刀把虾仁拍烂，再剁成泥。
3 虾肉泥装入碗中，放入盐、鸡粉，顺一个方向搅拌。
4 加入蛋清，顺着一个方向快速搅拌至虾泥起浆，加入洋葱粒，拌匀。制成虾胶。
5 取一个干净的碗，抹上少许食用油，倒入虾胶，放入烧开的蒸锅中。
6 盖上盖，用大火蒸 5 分钟至熟。
7 揭盖，把蒸好的虾胶取出，放入沙茶酱，拌匀。
8 把拌好的虾胶装入盘中即可。

材料： 虾仁 85 克、洋葱 35 克、蛋清 30 克
调料： 盐 2 克、鸡粉少许、沙茶酱 15 克、食用油适量

酱香黑豆蒸排骨

🍃材料：排骨350克、水发黑豆100克、姜末5克、花椒3克

🥢调料：盐2克、豆瓣酱40克、生抽10毫升、食用油适量

🍴做法

1 将洗净的排骨装碗，倒入泡好的黑豆，放入豆瓣酱，加入生抽、盐，倒入花椒、姜末，加入食用油，拌匀，腌渍20分钟至入味。

2 将腌好的排骨装盘放入水已烧开的电蒸锅中，加盖，调好时间旋钮，蒸40分钟至熟软入味。

3 揭盖，取出蒸好的排骨即可。

 ## 橄榄白萝卜排骨汤

🍃材料：排骨段300克、白萝卜300克、青橄榄25克、姜片少许、葱花少许

🥢调料：盐2克、鸡粉2克、料酒适量

🍴做法

1 洗净去皮的白萝卜切成厚块，改切成小块。

2 锅中注入适量清水烧开，放入洗好的排骨段，拌匀，煮1分钟，捞出，沥干水分，待用。

3 砂锅中注入适量清水烧热，倒入汆过水的排骨，放入洗净的青橄榄，撒上姜片，淋入少许料酒提味，加盖，烧开后用小火煮1小时至食材熟软。

4 揭盖，放入白萝卜块；再盖上盖，煮沸后用小火续煮20分钟至食材熟透。

5 揭开盖，加入盐、鸡粉，搅拌至食材入味。

6 关火后盛出煮好的汤料，装入汤碗中，撒入葱花即可。

小米洋葱蒸排骨

材料：水发小米 200 克、排骨段 300 克、洋葱丝 35 克、姜丝少许

调料：盐 3 克、白糖少许、老抽少许、生抽 3 毫升、料酒 6 毫升

做法

1 把洗净的排骨段装碗中，放入洋葱丝，撒上姜丝搅拌匀。
2 加入盐、白糖，淋上适量料酒、生抽、老抽拌匀。
3 倒入洗净的小米，搅拌拌匀。
4 把拌好的材料转入蒸碗中，腌渍 20 分钟，待用。
5 蒸锅上火烧开，放入蒸碗。
6 盖上盖，用大火蒸 35 分钟，至食材熟透。
7 关火后揭盖，取出蒸好的菜肴。
8 稍微冷却后即可食用。

茼蒿排骨粥

材料：茼蒿 80 克、芹菜 50 克、排骨 100 克、水发大米 150 克

调料：盐 2 克、鸡粉 2 克、胡椒粉少许

做法

1 洗净的芹菜切成粒。
2 洗好的茼蒿切碎。
3 砂锅中注入适量清水烧开，放入大米，搅匀。
4 盖上盖，烧开后用小火炖 15 分钟。
5 揭盖，放入洗净的排骨。
6 盖上盖，用小火慢炖 30 分钟
7 揭盖，加入盐、鸡粉，撒入胡椒粉，搅匀调味。
8 放入茼蒿，搅匀，继续煮至熟软。
9 关火后将砂锅中的食材盛出，装入汤碗中即可。

栗子粥

材料：水发大米 80 克、板栗肉 80 克、枸杞 10 克

调料：白糖适量

🍴做法

1 洗净的板栗肉对半切开，待用。

2 备好电饭锅，加入大米、板栗、枸杞，再注入适量清水，盖上盖，按下"功能"键，调至"米粥"状态，煲煮 2 小时。

3 待时间到，按下"取消"键，打开锅盖，搅拌片刻。

4 将煮好的粥盛出装入碗中，加入适量白糖即可。

 ## 板栗煨白菜

材料：白菜 400 克、板栗肉 80 克、高汤 180 毫升

调料：盐 2 克、鸡粉少许

🍴做法

1 将洗净的白菜切开，再改切瓣，备用。

2 锅中注入适量清水烧热，倒入备好的高汤，放入洗净的板栗肉，拌匀，用大火略煮。

3 待汤汁沸腾，放入切好的白菜，加入盐、鸡粉，拌匀调味。

4 盖上盖，用大火烧开后转小火焖15 分钟，至食材熟透。

5 揭盖，撇去浮沫，关火，将煮好的菜肴盛出，装入盘中摆好即可。

板栗龙骨汤

🌿**材料**：龙骨块 400 克、板栗肉 100 克、玉米段 100 克、胡萝卜块 100 克、姜片 7 克

🥄**调料**：料酒 10 毫升、盐 4 克

🍴**做法**

1 砂锅中注入适量清水烧开，倒入处理好的龙骨块。
2 加入料酒、姜片，拌匀。
3 加盖，大火烧煮片刻。
4 揭盖，撇去浮沫。
5 倒入玉米段，拌匀。
6 加盖，小火煮 1 小时至析出有效成分。
7 揭盖，加入洗好的板栗肉，拌匀。
8 加盖，小火续煮 15 分钟至熟。
9 揭盖，倒入洗净的胡萝卜块，拌匀。
10 加盖，小火续煮 15 分钟至食材熟透。
11 揭盖，加入盐，搅匀调味。
12 关火，将煮好的汤盛出，装入碗中即可。

 香辣虾

🌿**材料**：鲜虾 300 克、洋葱 50 克、姜片适量、葱段适量

🥄**调料**：白糖 3 克、盐 3 克、鸡粉 3 克、陈醋 5 毫升、料酒 5 毫升、生抽 5 毫升、辣椒油 5 毫升、蒜蓉辣酱 10 克、食用油适量、水淀粉适量

🍴**做法**

1 去皮洗净的洋葱切块；鲜虾洗净去虾线，待用。
2 锅注油，倒入姜片、葱段，爆香，放入虾、洋葱炒匀。
3 倒入蒜蓉辣酱，炒匀，加入料酒、生抽，注入适量清水，倒入盐、白糖、鸡粉、陈醋、水淀粉，翻炒均匀至入味。
4 加入辣椒油，翻炒片刻至熟。
5 关火，将炒好的虾盛出装入盘中。

虾丸白菜汤

🍴 **做法**

1 洗净的白菜切成段。

2 热锅注水，倒入虾丸煮至熟软。

3 倒入白菜、鸡肉丸，加入盐、鸡粉拌匀入味。

4 煮至沸腾后，将食材盛入碗中即可。

🌿 **材料**：白菜 70 克、虾丸 80 克、鸡肉丸 1 个

🥣 **调料**：盐 2 克、鸡粉 3 克

 洋葱拌木耳

🍴 **做法**

1 洗净的木耳切去根部，切成小块；去皮洗净的洋葱切成瓣，再切成小块；洗净的红椒、青椒切小块。

2 锅中倒入适量清水，用大火烧开，加入适量盐、鸡粉，放入木耳煮 3 分钟至熟，倒入切好的洋葱、红椒和青椒，再煮 1 分钟至熟，捞出沥水，装入碗中。

3 往食材中 加入剩余的盐、鸡粉，淋入生抽、陈醋、辣椒油、芝麻油，把碗中食材拌匀盛入盘中即可。

🌿 **材料**：木耳 200 克、洋葱 100 克、红椒 30 克、青椒 30 克

🥣 **调料**：盐 3 克、鸡粉 3 克、生抽、陈醋各 5 毫升、辣椒油、芝麻油各 5 毫升

保护视力食谱

保护孩子视力，这些营养不可少！

随着社会的不断发展，各种高科技电子产品不断更新，电视、电脑是每个家庭必备的娱乐工具，孩子从小就受到这些产品的影响，小小年纪就懂得玩电脑、看电视。如果眼睛长时间盯着闪动的屏幕，会对孩子还没有发育成熟的视网膜产生很大的影响，所以保护好孩子的眼睛，家长的责任重大。下面这几种营养物质既可以保护孩子的眼睛，也能满足孩子全面的营养需要。

一、维生素 A

缺乏维生素A时，眼睛对黑暗环境的适应能力减退，严重的时候容易患夜盲症。而且维生素A还可以预防和治疗干眼病，鱼肝油、鸡蛋以及深绿色和红黄色的蔬果中富含维生素A。

二、维生素 C 以及 B 族维生素

维生素C是组成眼球晶状体的成分之一，可以有效抑制细胞氧化，人体缺乏维生素C容易使眼睛干涩，还会使眼球晶状体混浊，并且是导致白内障的重要原因之一。富含维生素C的食物有橘、柑、柚子、西红柿等各种水果和蔬菜，鲜枣、猕猴桃的含量更为丰富。维生素B_1、维生素B_{12}是参与包括视神经在内的神经细胞代谢的重要物质，并有保护眼睑结膜、球结膜和角膜的作用，还可预防和延缓外眦及眼角鱼尾纹的形成。

三、钙、磷

钙具有消除眼睛紧张的作用，能缓解眼睛疲劳。钙、磷可使巩膜坚韧，并参与视神经生理活动。钙、磷缺乏时，易发生视力疲劳、注意力分散，易引起近视。日常食物中虾皮、奶及奶制品、海带、黑芝麻、紫菜、花生等含钙量较高；富含磷的食物有瘦肉、蛋、动物肝肾、干豆类、花生酱等。

四、蛋白质

眼球视网膜上的视紫质由蛋白质组成，人体缺乏蛋白质时除肌肉柔弱、发育不良，易感染、水肿、贫血外，还会出现视力障碍。因此，要给孩子多吃蛋白质含量较高的食物，如瘦肉、鱼、乳、蛋类和大豆制品等。多食蛋白质可使宝宝眼睛明亮。

五、微量元素

微量元素在人体内含量虽然不到体重的百分之一，但作用很大。没有它们，新陈代谢难以进行，儿童健康会受到影响。微量元素如锌、铬、钼、硒等，也参与眼睛内各种物质的代谢，可调节其生理功能，不可忽视。鱼类、肉类、动物肝脏、豆类和小麦中锌含量较高；青鱼、沙丁鱼、动物肝肾、蛋类、肉类、芝麻、麦芽等食物中含有硒。

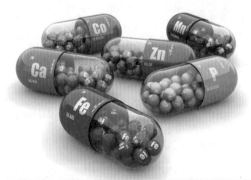

肉末胡萝卜炒青豆

🌱**材料**：肉末90克、青豆90克、胡萝卜100克、姜末少许、蒜末少许、葱末少许

🧂**调料**：盐3克、鸡粉少许、生抽4毫升、水淀粉适量、食用油适量

🍴**做法**

1 胡萝卜去皮，切条形，再切成粒。
2 锅中注水烧开，加入少许盐，倒入胡萝卜粒和洗净的青豆，再淋入食用油，搅拌匀，煮1分30秒至食材断生后捞出，沥水，待用。
3 用油起锅，倒入肉末，快速翻炒至其松散，待其色泽变白时倒入姜末、蒜末、葱末，炒香、炒透，再淋入少许生抽，拌炒片刻，倒入焯煮过的食材，用中火翻炒匀，转小火，调入剩余的盐、鸡粉，再翻炒片刻至全部食材熟透，淋入少许水淀粉，用中火炒匀，关火后盛出即可。

 ## 胡萝卜菠菜碎米粥

🌱**材料**：胡萝卜30克、菠菜20克、软饭150克

🧂**调料**：盐2克

🍴**做法**

1 将洗净去皮的胡萝卜切片，再切成丝，改切成粒；洗好的菠菜再切碎。
2 锅中注水烧开，倒入适量软饭拌匀，盖上盖，用小火煮20分钟至软饭熟烂。
3 揭盖，倒入切好的胡萝卜拌匀，放入备好的菠菜拌匀煮沸，加入盐，拌匀调味。
4 将锅中煮好的粥盛出，装入碗中即可。

圣女果芦笋鸡柳

🌿**材料**：鸡胸肉 220 克、芦笋 100 克、圣女果 40 克、葱段少许

🥄**调料**：盐 3 克、鸡粉少许、料酒 6 毫升、水淀粉适量、食用油适量

🍴 **做法**

1 将洗净的芦笋用斜刀切长段。

2 洗好的圣女果对半切开。

3 洗净的鸡胸肉切片，再切条形。

4 把鸡肉条装入碗中，加入少许盐、水淀粉、料酒，搅拌匀，再腌渍10 分钟，待用。

5 热锅注油，烧至四五成热，放入腌好的鸡肉条，轻轻搅动，使肉条散开，再放入芦笋段，拌匀。

6 用小火略炸一会儿，至食材断生后捞出，沥干油，待用。

7 锅底留油，放入葱段，爆香。

8 倒入炸好的材料，用大火快炒，放入切好的圣女果，翻炒匀，加入剩余的盐、鸡粉，淋入适量料酒，炒匀调味。

9 用水淀粉勾芡。

10 关火，将炒好的菜肴盛入盘中即可。

 黑芝麻黑枣豆浆

🌿**材料**：黑枣 8 克、黑芝麻 10 克、水发黑豆 50 克

🍴 **做法**

1 将洗净的黑枣切开，去核，切成小块，备用；将已浸泡 8 小时的黑豆倒入碗中，注入适量清水，用手搓洗干净，倒入滤网，沥干水分。

2 将备好的黑枣、黑芝麻、黑豆倒入豆浆机中，注入适量清水至水位线即可，盖上豆浆机机头，选择"五谷"程序，再选择"开始"键，开始打浆，待豆浆机运转 20 分钟，即成豆浆。

3 将豆浆机断电，取下机头，把打好的豆浆倒入滤网，滤取豆浆，倒入碗中即可。

鸡肝粥

做法

1 洗净的鸡肝切条。
2 砂锅注水，倒入泡好的大米，拌匀。加盖，用大火煮开后转小火续煮 40 分钟至熟软。
3 揭盖，倒入切好的鸡肝，拌匀，加入姜丝，拌匀，放入盐、生抽，拌匀，加盖，稍煮5分钟至鸡肝熟透。
4 揭盖，放入葱花，拌匀。
5 关火后盛出煮好的鸡肝粥，装碗即可。

材料：鸡肝 200 克、水发大米 500 克、姜丝少许、葱花少许

调料：盐 1 克、生抽 5 毫升

 # 西蓝花虾皮蛋饼

做法

1 洗净的西蓝花切小朵 .
2 取一碗，倒入面粉，加入盐，打入一个鸡蛋拌匀，再打入另一个鸡蛋，倒入虾皮，拌匀。
3 放入西蓝花拌匀。
4 用油起锅，放入面糊铺平，煎 5 分钟至两面金黄色。
5 关火，取出煎好的蛋饼，放在砧板上，切去边缘不平整的部分。
6 将蛋饼切成三角状，装盘即可。

材料：西蓝花 100 克、鸡蛋 2 个、虾皮 10 克、面粉 100 克

调料：食用油适量、盐少许

紫菜萝卜饭

材料：去皮白萝卜55克、去皮胡萝卜60克、水发大米95克、紫菜碎15克

做法

1 洗净去皮的白萝卜切丁；洗净去皮的胡萝卜切丁，待用。
2 砂锅中注水烧开，倒入泡好的大米，搅匀，放入白萝卜丁和胡萝卜丁，搅拌均匀，用大火煮开后转小火煮45分钟至食材熟软。
3 倒入紫菜碎，搅匀，焖5分钟至紫菜味香浓。
4 关火后将煮好的紫菜萝卜饭装碗即可。

藕片猪肉汤

材料：莲藕200克、猪瘦肉50克、水发香菇20克、葱花3克

调料：盐3克、鸡粉3克、食用油适量

做法

1 洗净的莲藕去皮切片；猪瘦肉切片。
2 取电饭锅，加入藕片、香菇、瘦肉、食用油，注入适量清水，拌匀，盖上盖，按"功能"键，选择"靓汤"功能，时间为1小时，开始蒸煮。
3 待时间到按"取消"键断电，开盖，加入鸡粉、盐、葱花，稍稍搅拌至入味。
4 盛出煮好的汤，装入碗中即可。

火龙果牛奶汁

材料： 火龙果 2 个、牛奶 100 毫升

做法
1 火龙果去皮，切成一口大小的块。
2 将火龙果放入榨汁机，倒入牛奶，榨成汁即可。

火龙果葡萄泥

材料： 葡萄 100 克、火龙果 300 克

做法
1 洗好的火龙果切去头尾，切成瓣，去皮，再切成小块。
2 取榨汁机，选择搅拌刀座组合。
3 倒入备好的火龙果、葡萄。
4 盖上盖，选择"榨汁"功能，榨成果泥。
5 断电后将果泥倒出即可。

海蜇肉丝鲜汤

🌱**材料**：海蜇 175 克、黄豆芽 75 克、瘦肉 110 克、去皮胡萝卜 95 克、姜片少许

🥄**调料**：盐、鸡粉各 2 克、胡椒粉 4 克、料酒 5 毫升、水淀粉适量、食用油适量

🍴**做法**

1 洗净的海蜇切丝。
2 洗好的胡萝卜切片，改切成丝。
3 洗净的瘦肉切片，改切成丝。
4 取一碗，放入瘦肉丝，加入适量盐、料酒、胡椒粉、水淀粉、食用油，拌匀，腌渍 10 分钟。
5 深锅置于火上，倒入适量食用油，加入姜片，爆香。
6 注入适量清水，放入海蜇丝、胡萝卜丝，拌匀，煮 2 分钟至沸腾。
7 倒入瘦肉丝、黄豆芽段，加入剩余的盐、鸡粉、胡椒粉。
8 搅拌片刻，煮 5 分钟至入味。
9 关火后盛出煮好的汤，装入碗中即可。

 鸡蓉玉米羹

🌱**材料**：鸡胸肉 50 克、鲜玉米粒 30 克、鸡汤 100 毫升

🍴**做法**

1 鸡胸肉和玉米粒洗干净，分别剁成蓉备用。
2 鸡汤倒入锅中烧开，撇去浮油。
3 加入鸡肉蓉和玉米蓉搅拌后煮开
4 转小火再煮 5 分钟即可。

鱼肉蒸糕

🌿**材料**：草鱼肉 170 克、洋葱 30 克、蛋清少许

🍶**调料**：盐 2 克、鸡粉 2 克、生粉 6 克、黑芝麻油适量

🍴**做法**

1 将洋葱去皮切成段；草鱼肉去皮，改切成丁。

2 取榨汁机，选绞肉刀座组合，倒入鱼肉丁、洋葱、蛋清。放入少许盐，选择"搅拌"功能，搅成肉泥。

3 把鱼肉泥取出，装入碗中，顺一个方向搅拌至起浆，放入剩余的盐、鸡粉、生粉，拌匀，倒入黑芝麻油，搅匀。

4 取一个盘子，倒入黑芝麻油，抹匀，将鱼肉泥装入盘中，抹平，再加入黑芝麻油，抹匀，制成饼坯，放入烧开的蒸锅中，大火蒸 7 分钟。

5 取出蒸好的蒸糕，切成小块，装入盘中即可。

草莓樱桃苹果煎饼

🌿**材料**：草莓 80 克、樱桃 60 克、苹果 90 克、鸡蛋 1 个、玉米粉 60 克、面粉 60 克

🍶**调料**：橄榄油 5 毫升

🍴**做法**

1 将洗净的草莓切成小块。

2 洗净的樱桃去核切碎。

3 苹果对半切开，去核切成瓣，再切成小块。

4 鸡蛋打开，取蛋清装入碗中，备用。

5 将面粉倒入碗中，加入玉米粉，倒入蛋清，搅匀，加入适量清水，继续搅拌。

6 放入切好的水果，拌匀。

7 煎锅中注入橄榄油烧热，倒入拌好的水果面糊，煎至成型。

8 翻面，煎至焦黄色。

9 把煎好的饼取出，用刀切成小块。

10 把切好的煎饼装入盘中即可。

莲子松仁玉米

材料：鲜莲子 150 克、鲜玉米粒 160 克、松子 70 克、胡萝卜 50 克、姜片少许、蒜末少许、葱段少许、葱花少许

调料：盐 4 克、鸡粉 2 克、水淀粉适量、食用油适量

做法

1 将去皮洗净的胡萝卜切成丁。
2 用牙签把莲子心挑去。
3 锅中注入适量清水烧开，加入 2 克盐。
4 放入胡萝卜、玉米粒、莲子，用大火煮至八成熟。
5 将煮好的食材捞出，备用。
6 热锅注油，烧至三成热。
7 放入松子，用小火滑油 1 分钟至熟。
8 将松子捞出，沥干油，待用。
9 锅底留油，放入姜片、蒜末、葱段，爆香。
10 倒入玉米粒、胡萝卜、莲子，拌炒匀。
11 放入盐、鸡粉，炒匀调味。
12 加入适量水淀粉，勾芡。
13 将锅中材料盛出装盘。
14 撒上松子，再撒上少许葱花即可。

 金针菇拌豆干

材料：金针菇 85 克、豆干 165 克、彩椒 20 克、蒜末少许

调料：盐 2 克、鸡粉 2 克、芝麻油 6 毫升

做法

1 洗净的金针菇切去根部。
2 洗好的彩椒切开，去籽，切细丝。
3 洗净的豆干切粗丝，备用。
4 锅中注入适量清水，用大火烧开。
5 倒入备好的豆干，拌匀，略煮一会儿。
6 捞出豆干，沥干水分，待用。
7 另起锅，注入适量清水烧开。
8 倒入金针菇、彩椒，拌匀，煮至断生。
9 捞出材料，沥干水分，待用。
10 取一个大碗，倒入金针菇、彩椒，放入豆干，拌匀。
11 撒上蒜末，加入盐、鸡粉、芝麻油，拌匀。
12 将拌好的菜肴装入盘中即可。

菠菜拌鱼肉

🌱**材料：**菠菜 70 克、草鱼肉 80 克

🍵**调料：**盐少许、食用油适量

🍴**做法**

1 汤锅中注入适量清水，用大火烧开。
2 放入菠菜，煮 4 分钟至熟。
3 把煮熟的菠菜捞出装盘备用。
4 将装有鱼肉的盘子放入烧开的蒸锅中。
5 盖上盖，用大火蒸 10 分钟至熟。
6 揭盖，把蒸熟的鱼肉取出。
7 将菠菜切碎，备用。
8 用刀把鱼肉压烂，剁碎。
9 用油起锅，倒入备好的鱼肉。
10 放入菠菜，放入少许盐。
11 拌炒均匀，炒出香味。
12 将锅中材料盛出，装入碗中即可。

 # 干贝香菇蒸豆腐

🌱**材料：**豆腐 250 克、水发香菇 100 克、干贝 40 克、胡萝卜 80 克、葱花少许

🍵**调料：**盐 2 克、鸡粉 2 克、生抽 4 毫升、料酒 5 毫升、食用油适量

🍴**做法**

1 泡发好的香菇去柄，切粗条；洗净去皮的胡萝卜切片，再切丝，改切成粒；洗净的豆腐切成块。
2 取一个盘子，摆上豆腐块，待用。
3 热锅注油烧热，倒入香菇、胡萝卜，翻炒匀，倒入干贝，注入少许清水，淋入生抽、料酒，加入盐、鸡粉，炒匀调味，大火收汁。
4 关火，将炒好的材料盛出放在豆腐上。
5 蒸锅上火烧开，放入豆腐，盖上锅盖，大火蒸 8 分钟。
6 掀开锅盖，将豆腐取出，撒上葱花即可。

茼蒿炒胡萝卜

🌱**材料：** 茼蒿 200 克、去皮胡萝卜 80 克、蒜末少许

🥄**调料：** 盐 2 克、鸡粉 2 克、生抽 5 毫升、食用油适量

🍴**做法**

1 洗净的茼蒿切成等长段；胡萝卜切成丝。

2 热锅注油，倒入蒜末爆香，倒入胡萝卜炒匀。

3 接着倒入茼蒿，加入盐、鸡粉、生抽炒匀入味。

4 将食材炒至断生后，盛入盘中即可。

 蔬菜鸡肉汤

🌱**材料：** 红椒 50 克、胡萝卜 80 克、鸡肉 200 克、土豆 80 克、香菜适量

🥄**调料：** 盐 2 克、鸡粉 2 克

🍴**做法**

1 土豆去皮切块；红椒切块；胡萝卜去皮切块；鸡肉切块。

2 锅内注入适量清水煮开，倒入鸡肉飞水，去除浮沫，捞出待用。

3 砂锅注水烧开，倒入鸡肉、胡萝卜、土豆、红椒拌匀，加盖，中火煮 20 分钟。

4 揭盖，加入盐、鸡粉拌匀入味。

5 将汤盛入碗中，撒上香菜即可。

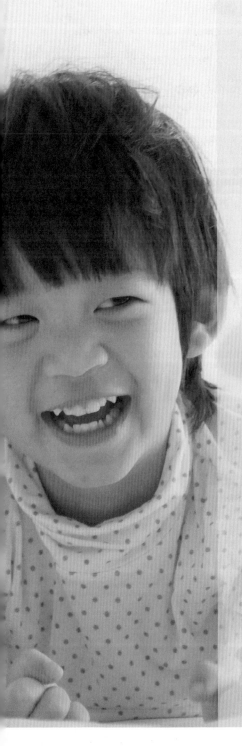

PART **3**

四季食谱

杂蔬丸子

材料： 土豆 150 克、胡萝卜 70 克、香菇 30 克、芹菜 20 克、玉米粒 120 克

调料： 盐 2 克

做法

1 洗净去皮的土豆，改切成小块。
2 洗好的芹菜切碎。
3 洗净去皮的胡萝卜切成粒；香菇切成粒。
4 锅中注水烧开，倒入胡萝卜、香菇，加入盐，焯半分钟，至其断生，捞出，装盘待用。
5 沸水锅中倒入玉米粒，煮至断生。
6 捞出玉米粒，沥干水分待用。
7 蒸锅加水，上火烧开，放入土豆片，盖上盖， 用中火蒸 10 分钟。
8 揭开盖，取出土豆，放凉后压成泥，装入大碗，放入胡萝卜、香菇、玉米粒拌匀，做成丸子状。
9 蒸锅注水烧开，放入丸子蒸 20 分钟后取出即可。

菠菜米汤

材料： 米浆 300 毫升、菠菜 80 克

做法

1 锅中注适量清水烧开，倒入洗净的菠菜，拌匀。
2 焯一会儿至断生。
3 捞出焯好的菠菜，趁热将锅内的汁液盛入米浆中，搅拌匀。
4 待菠菜米汤稍凉即可食用。

青菜烫饭

🍴做法

1 沸水锅中倒入备好的火腿丝、海米。
2 煮 1 分钟至其熟软。
3 放入米饭，加入洗净的小白菜。
4 煮约 1 分钟至食材熟透。
5 关火后盛出煮好的食材，装入碗中即可。

🥬**材料：**米饭 150 克、火腿丝 15 克、海米 15 克、小白菜 25 克

 青菜圆子

🍴做法

1 将洗净的小油菜切四等份长条。
2 锅中加清水烧开，加食用油、盐，再倒入小油菜，煮 1 分钟至断生。
3 捞出小油菜，沥干水分。
4 待小油菜放凉后剁成末，然后放在干净的毛巾内，挤干水分。
5 把小油菜末装入碗内，加入姜末，放盐、鸡粉拌匀，再撒入生粉，拌匀揉成团。
6 将小油菜面团揉成丸子，装盘备用。
7 热锅注油，烧至五成热，放入菜丸子，炸 1 分钟至熟，捞出待用。
8 锅底留油，加少许清水，放入盐、鸡粉，煮沸。
9 倒入水淀粉，调匀制成芡汁。
10 菜丸装盘，浇上芡汁即可。

🥬**材料：**小油菜 200 克、姜末 15 克

🍶**调料：**盐适量、鸡粉适量、水淀粉适量、生粉适量、食用油适量

菠菜洋葱牛奶羹

材料：菠菜90克、牛奶100毫升、洋葱50克

做法

1 锅中注入适量清水烧开。
2 放入菠菜，焯半分钟至断生。
3 捞出焯好的菠菜，沥干水分，放在盘中，凉凉。
4 将洋葱切细丝，再切成颗粒状。
5 把放凉的菠菜切碎，剁成末。
6 取榨汁机，选择干磨刀座组合，倒入洋葱粒和菠菜碎，盖上盖子。
7 通电后选择"干磨"功能，把食材磨至细末状。
8 断电后取出磨好的食材，即成蔬菜泥。
9 汤锅中注入适量清水烧热，放入蔬菜泥。
10 搅拌均匀，用小火煮至沸腾。
11 倒入牛奶，搅拌匀，使食材浸入牛奶中。
12 煮片刻至牛奶将沸即可。

莴笋炒百合

材料：莴笋150克、洋葱80克、百合60克

调料：盐3克、鸡粉适量、水淀粉适量、芝麻油适量、食用油适量

做法

1 将去皮洗净的洋葱切成小块；洗好去皮的莴笋切开，用斜刀切成小段，再切成片。
2 锅中注入适量清水烧开，加入少许盐、食用油，倒入莴笋片拌匀略煮，放入洗净的百合，再煮半分钟至食材断生后捞出，沥水待用。
3 用油起锅，放入洋葱块，用大火炒出香味，再倒入焯好的莴笋片和百合炒匀，加入少许盐、鸡粉，炒匀调味，倒入适量水淀粉勾芡，淋入少许芝麻油快速翻炒至食材熟软、入味。
4 关火后将炒好的食材盛入盘中即可。

绿豆芽韭菜汤

做法

1 热锅注油烧热，放入韭菜段，炒香，倒入洗净的绿豆芽，炒匀炒香。

2 加入备好的高汤，用勺拌匀，用大火煮 1 分钟至食材熟透。

3 加鸡粉、盐调味，拌煮片刻至食材入味。

4 关火后盛出煮好的汤即可。

材料：韭菜段 60 克、绿豆芽 70 克、高汤适量

调料：鸡粉 2 克、盐 2 克、食用油适量

菠菜烧麦

做法

1 将面粉、菠菜汁混在一起搅拌均匀，揉成软面团。

2 将菠菜面醒 10 分钟左右，搓成长条，切成小剂子。

3 用擀面杖把小剂子擀成面片。

4 在面片中间放入豆沙馅，用虎口收拢往中间捏成形，制成烧麦生坯。

5 将生坯放入烧沸的蒸锅中，蒸 20 分钟至熟透即可。

材料：中筋面粉 200 克、豆沙馅适量、菠菜汁 50 克

猪红韭菜豆腐汤

🌿**材料**：韭菜85克、豆腐140克、黄豆芽70克、高汤300毫升、猪血150克

🍶**调料**：盐2克、鸡粉2克、白胡椒粉2克、芝麻油5毫升

🍴**做法**
1 洗净的豆腐切块。
2 处理好的猪血切小块。
3 洗好的韭菜切段。
4 洗净的黄豆芽切段，待用。
5 深锅置于火上，倒入高汤，用大火烧开。
6 倒入豆腐块、猪血块，拌匀，用大火煮沸。
7 放入黄豆芽段、韭菜段，拌匀，煮3分钟至熟。
8 加入盐、鸡粉、白胡椒粉、芝麻油，稍稍搅拌至入味。
9 关火后盛出煮好的汤，装入碗中即可。

韭菜鲜肉水饺

🌿**材料**：韭菜70克、肉末80克、饺子皮90克、葱花少许

🍶**调料**：盐3克、鸡粉3克、五香粉3克、生抽5毫升、食用油适量

🍴**做法**
1 洗净的韭菜切碎，往肉末中倒入韭菜碎、葱花，撒上盐、鸡粉、五香粉，淋上食用油、生抽，拌匀入味，制成馅料。
2 备好一碗清水，用手指蘸上少许清水，在饺子皮边缘涂抹一圈，往饺子皮中放上少许馅料，将饺子皮对折，两边捏紧，剩下的饺子皮采用相同的做法制成饺子生坯，放入盘中待用。
3 锅中注入适量清水烧开，放入饺子生坯，待其煮开后，拌匀，续煮3分钟，加盖，用大火煮2分钟，至其上浮。
4 揭盖，捞出饺子，盛入盘中即可。

芹菜炒黄豆

🌿**材料**：熟黄豆 220 克、芹菜梗 80 克、胡萝卜 30 克

🥄**调料**：盐 3 克、食用油适量

🍴**做法**

1 将洗净的芹菜梗切小段；洗好的胡萝卜切丁。

2 锅中注水烧开，加入适量盐，倒入胡萝卜丁，轻轻搅拌匀，焯 1 分钟至其断生，捞出沥水，待用。

3 用油起锅，倒入芹菜，翻炒到变软。

4 倒入焯好的胡萝卜丁、熟黄豆，快速翻炒一会儿。

5 加入剩余的盐，炒匀调味。

6 关火后盛出炒好的食材，装入盘中即可。

 凉拌嫩芹菜

🌿**材料**：芹菜 80 克、胡萝卜 30 克、蒜末少许、葱花少许

🥄**调料**：盐 3 克、鸡粉少许、芝麻油 5 毫升、食用油适量

🍴**做法**

1 把洗好的芹菜切成小段；去皮洗净的胡萝卜切片，再切成细丝。

2 锅中注入适量清水，用大火烧开，放入食用油、盐，再下入胡萝卜片、芹菜段，搅拌匀，续煮 1 分钟至全部食材断生，捞出，沥干水分，待用。

3 将沥干水的食材放入碗中，加入盐、鸡粉，撒上备好的蒜末、葱花，再淋入芝麻油，搅拌匀。

4 将拌好的食材装在碗中即可。

芹菜糙米粥

材料：水发糙米 100 克、芹菜 30 克、葱花少许

调料：盐少许

做法
1 洗净的芹菜切碎，待用。
2 砂锅中注入适量清水烧热，倒入泡发好的糙米，拌匀，盖上锅盖，大火煮开后转小火煮 45 分钟至米粒熟软。
3 掀开锅盖，倒入芹菜碎，搅拌匀，煮至断生，加入少许盐，拌匀调味。
4 将煮好的粥盛出装入碗中，撒上葱花即可。

牛肉菠菜碎面

材料：龙须面 100 克、菠菜 15 克、牛肉 35 克、清鸡汤 200 毫升

调料：盐 2 克、生抽 5 毫升、料酒 5 毫升、食用油适量

做法
1 洗好的牛肉切薄片，再切细丝，改切成末。
2 洗净的菠菜切成碎末，待用。
3 热锅注油，放入牛肉末，炒至变色。
4 淋入少许料酒，加入盐，炒匀调味。
5 关火后将炒好的牛肉末盛出，装入盘中，待用。
6 锅中注入适量清水，用大火烧开。
7 倒入龙须面，搅匀，煮 3 分钟至其熟软。
8 将煮好的面条捞出，沥干水分，装入碗中。
9 锅中倒入清鸡汤、牛肉末。
10 加入少许盐，搅拌至入味。
11 淋入生抽，搅匀，倒入菠菜末，煮至熟软。
12 关火后将汤盛入面碗即可。

玉米骨头汤

材料：玉米 100 克、猪骨头 400 克、姜片适量

调料：盐 3 克、鸡粉 3 克、胡椒粉 3 克

做法

1 洗净的玉米切段。

2 锅中注入适量清水烧开，倒入洗净的猪大骨，余去血水和杂质，捞出，沥干水分，待用。

3 砂锅中注入适量清水烧开，倒入猪大骨、姜片、玉米搅拌匀。

4 盖上锅盖，大火煮开后转小火炖 1 小时。

5 掀开盖，加入盐、鸡粉、胡椒粉，搅拌调味，将汤盛入碗中即可。

 # 白灼菜心

材料：菜心 150 克、姜丝适量、葱丝适量

调料：盐 3 克、鸡粉 3 克、生抽 5 毫升、芝麻油适量、食用油适量

做法

1 将洗净的菜心修整齐后放入沸水锅中，烧开，加入食用油、盐煮至断生，捞出，装盘，待用。

2 取小碗，加入盐、生抽、鸡粉，再加入煮菜心的汤汁，放入姜丝、葱丝，再倒入少许芝麻油拌匀，制成味汁。

3 将调好的味汁浇在菜心上即可。

土豆黄瓜饼

🌱**材料**：土豆250克、黄瓜200克、小麦面粉150克

🥄**调料**：盐适量、鸡粉适量、生抽5毫升、食用油适量

🍴**做法**

1 洗净去皮的土豆切丝，黄瓜切丝。

2 取一个大碗，倒入小麦面粉、黄瓜丝、土豆丝，注入适量清水，搅拌均匀制成面糊，加入少许生抽、盐、鸡粉，搅匀调味。

3 热锅注油烧热，倒入制好的面糊，烙制面饼，煎出焦香，翻面，将面饼煎熟，煎至两面呈现金黄色。

4 将饼盛出，放凉后切成三角状，装入盘中即可食用。

黄瓜水果沙拉

🌱**材料**：黄瓜130克、西红柿120克、橙子85克、葡萄干20克

🥄**调料**：沙拉酱25克

🍴**做法**

1 洗净的西红柿对半切开，取一半切小瓣，切出花瓣形，另一半切片，改切成小丁块。

2 洗净的橙子切开，去除果皮，把果肉切小块。洗净的黄瓜切条形，改切成小丁块，备用。

3 取一个大碗，倒入黄瓜丁、橙肉丁、西红柿丁，挤上沙拉酱，撒上葡萄干，快速搅拌一会儿，至食材入味，待用。

4 另取一盘，摆放上切好的西红柿花瓣，盛入拌好的材料，摆好盘即可。

苹果蔬菜沙拉

做法

1 洗净的西红柿对半切开，切成片；洗好的黄瓜切成片；洗净的苹果切开，去核，再切成片，备用。
2 将切好的食材装入碗中，倒入牛奶，加入沙拉酱拌匀，继续搅拌片刻使食材入味。
3 把洗好的生菜叶垫在盘底，装入拌好的果蔬即可。

材料：苹果 100 克、西红柿 150 克、黄瓜 90 克、生菜 50 克、牛奶 30 毫升

调料：沙拉酱 10 克

 紫菜冬瓜汤

做法

1 洗净去皮的冬瓜切块，再切成片。
2 热锅注油烧热，倒入姜片，爆香，淋入料酒，注入适量清水煮开，倒入冬瓜、紫菜，搅匀，煮至沸。
3 加入盐、鸡粉，搅拌均匀，煮至食材熟软入味。
4 关火后将煮好的汤盛出，装入碗中，撒上葱花即可。

材料：水发紫菜 70 克、冬瓜 160 克、姜片、葱花各少许

调料：盐 2 克、鸡粉 2 克、料酒 4 毫升、食用油适量

酿冬瓜

材料：冬瓜 350 克、肉末 100 克、枸杞少许

调料：盐少许、鸡粉少许、水淀粉适量、食用油适量

做法

1 去皮洗净的冬瓜切片，用模具压出花形，再用模具把冬瓜片中间挖空，装入盘中，在挖空部分塞入肉末，再放上洗净的枸杞。

2 把酿好的冬瓜片放入烧开的蒸锅中，盖上盖，用大火蒸 3 分钟至熟，取出待用。

3 用油起锅，倒入少许清水，放入盐、鸡粉，拌匀煮沸，倒入适量水淀粉，调成稠汁.

4 把稠汁浇在酿冬瓜片上即可。

肉丸冬瓜汤

材料：冬瓜 500 克、五花肉末 250 克、葱花 10 克

调料：盐 3 克、鸡粉 2 克、淀粉 10 克

做法

1 洗净的冬瓜去皮切小块。

2 五花肉末装碗，倒入盐、鸡粉、淀粉拌匀，腌渍 10 分钟至入味，捏成肉丸，装碗待用。

3 取出电饭锅，打开盖子，通电后倒入肉丸，放入切好的冬瓜，倒入适量水至没过食材。盖上盖子，按下"功能"键，调至"蒸煮"状态，煮 20 分钟至食材熟软入味。

4 按下"取消"键，打开盖子，倒入葱花，搅拌均匀，断电后将煮好的汤装碗即可。

芦笋扒冬瓜

材料：冬瓜 140 克、芦笋 100 克、高汤 180 毫升

调料：盐 2 克、鸡粉 2 克、食用油适量、水淀粉少许

做法

1 洗好去皮的冬瓜切片，改切成条形，洗净的芦笋切成长段，备用。
2 用油起锅，倒入芦笋，炒匀，放入冬瓜，炒匀，倒入高汤，拌匀，加入盐、鸡粉，炒匀调味，盖上盖，烧开后用小火焖 10 分钟。
3 揭盖，将芦笋拣出，摆入盘中。
4 在锅里淋入少许水淀粉，翻炒匀。
5 关火后盛出冬瓜，摆好盘即可。

 虾皮炒冬瓜

材料：冬瓜 170 克、虾皮 60 克、葱花少许

调料：盐 3 克、鸡粉 3 克、料酒少许、水淀粉少许、食用油适量

做法

1 将洗净去皮的冬瓜切小丁块，备用。
2 锅内倒入适量食用油，放入虾皮拌匀，淋入少许料酒，炒匀提味，放入冬瓜炒匀，注入少许清水炒匀，加入盐、鸡粉炒匀，盖上锅盖，用中火煮 3 分钟至食材熟透。
3 揭开锅盖，倒入少许水淀粉，翻炒均匀。
4 关火后盛出炒好的食材，装入盘中，撒上葱花即可。

松仁丝瓜

材料：松仁 20 克、丝瓜块 90 克、胡萝卜片 30 克、姜末少许、蒜末少许

调料：盐 3 克、鸡粉 2 克、水淀粉 10 毫升、食用油 5 毫升

做法

1 砂锅中注入适量清水烧开，加入食用油，倒入洗净的胡萝卜片，焯半分钟，放入洗好的丝瓜块，续焯片刻至断生，捞出，沥干水分，装入盘中备用。

2 用油起锅，倒入松仁，滑油翻炒片刻，关火，将松仁捞出，沥干油，装入盘中待用。

3 锅底留油，放入姜末、蒜末、爆香，倒入胡萝卜片、丝瓜块，炒匀，加入盐、鸡粉，翻炒片刻至入味，倒入水淀粉，勾芡。

4 关火，将炒好的丝瓜盛出，装入盘中，撒上松仁即可。

虾皮香菇蒸冬瓜

材料：水发虾皮 30 克、香菇 35 克、冬瓜 600 克、姜末、蒜末各少许、葱花少许

调料：盐、鸡粉各 2 克、生粉 4 克、生抽、料酒各 4 毫升、芝麻油、食用油各适量

做法

1 把去皮洗净的冬瓜切大块，再切成薄片；洗净的香菇切粗丝，再切成碎末；

2 将洗净的虾皮放入大碗中，倒入切好的香菇，撒上姜末、蒜末，加入盐、鸡粉，淋入生抽、料酒，倒入芝麻油，撒上生粉，浇入适量食用油，拌匀，制成海鲜酱料，待用。

3 将切好的冬瓜码在盘中，铺上备好的海鲜酱料，静置一会儿。

4 蒸锅上火烧开，放入装有冬瓜的盘子，盖上锅盖，用中火蒸 15 分钟至食材熟透。

5 关火后揭开盖，取出蒸好的冬瓜，趁热撒上少许葱花，淋上少许热油即可。

苦瓜黄豆排骨汤

🌿**材料：**苦瓜200克、排骨300克、水发黄豆120克、姜片5克

🥄**调料：**盐2克、鸡粉2克、料酒20毫升

🍴做法

1 洗好的苦瓜对半切开，去籽，切成段。

2 锅中倒入适量清水烧开，倒入洗净的排骨，淋入适量料酒，氽去血水脏污，捞出，沥水待用。

3 砂锅中注入适量清水，放入洗净的黄豆，倒入氽过水的排骨，放入姜片，淋入少许料酒搅匀提鲜，盖上盖，用小火煮40分钟至排骨酥软。

4 揭开盖，放入苦瓜，再盖上盖，用小火煮15分钟。

5 揭盖，加入盐、鸡粉，搅拌均匀，再煮1分钟，至全部食材入味。

6 关火后盛出煮好的汤料，装入汤碗。

 肉末蒸丝瓜

🌿**材料：**肉末80克、丝瓜150克、葱花少许

🥄**调料：**盐少许、鸡粉少许、老抽少许、生抽2毫升、料酒2毫升、水淀粉适量、食用油适量

🍴做法

1 将洗净去皮的丝瓜切成棋子状的小段，备用。

2 用油起锅，倒入肉末，翻炒匀，炒至肉质变色。

3 淋入少许料酒，炒香、炒透。

4 倒入少许生抽、老抽，炒匀上色。

5 加入鸡粉、盐，炒匀调味。

6 倒入适量水淀粉，炒匀，制成酱料。

7 关火后盛出酱料，放在碗中，待用。

8 取一个蒸盘，摆放好丝瓜段。

9 放上备好的酱料，铺匀。

10 蒸锅上火烧开，放入装有丝瓜段的蒸盘。

11 盖上盖，用大火蒸5分钟，至食材熟透。

12 关火后揭开盖，取出蒸好的食材。

13 趁热撒上葱花，浇上热油即可。

丝瓜豆腐汤

🌱**材料**：豆腐 250 克、去皮丝瓜 80 克、姜
丝少许、葱花少许

🥄**调料**：盐 1 克、鸡粉 1 克、陈醋 5 毫升、
芝麻油少许、老抽少许

🍴做法

1 洗净的丝瓜切厚片；洗好的豆腐
切厚片，切粗条，改切成块。
2 沸水锅中倒入备好的姜丝，放入
切好的豆腐块，倒入切好的丝瓜，
稍煮片刻至沸腾，加入盐、鸡粉、
老抽、陈醋，将材料拌匀，煮 6 分
钟至熟透。
3 关火后盛出煮好的汤，装入碗中，
撒上葱花，淋入芝麻油即可。

黄瓜生菜沙拉

🌱**材料**：黄瓜 85 克、生菜 120 克

🥄**调料**：盐 1 克、沙拉酱适量、橄榄油适量

🍴做法

1 洗好的生菜切成丝。
2 洗净的黄瓜切成片，再切丝，待用。
3 将黄瓜丝和生菜丝装入大碗中，
放入盐、橄榄油，搅拌片刻。
4 将拌好的沙拉装入盘中。淋上适
量的沙拉酱即可。

丝瓜虾皮猪肝汤

材料：丝瓜90克、猪肝85克、虾皮12克、姜丝少许、葱花少许

调料：盐3克、鸡粉3克、水淀粉2毫升、食用油适量

做法

1 将去皮洗净的丝瓜对半切开，切成片。
2 洗好的猪肝切成片。
3 把猪肝片装入碗中，放入少许盐、鸡粉、水淀粉，拌匀。
4 淋入少许食用油，腌渍10分钟。
5 锅中注油烧热，放入姜丝，爆香。
6 放入虾皮，快速翻炒出香味。
7 倒入适量清水，盖上盖子，用大火煮沸。
8 揭盖，倒入丝瓜，加入剩余的盐、鸡粉，拌匀。
9 放入猪肝，用锅铲搅散，继续用大火煮至沸腾。
10 关火，将锅中汤料盛出装入碗中，撒上葱花即可。

 ## 苦瓜红小豆排骨汤

材料：红小豆30克、苦瓜块70克、猪骨100克、高汤适量

调料：盐2克

做法

1 锅中注入适量清水烧开，倒入洗净的猪骨，搅散，汆煮片刻，捞出，沥干水分，过一次冷水，备用。
2 砂锅中到适量高汤，加入汆过水的猪骨，再倒入备好的苦瓜、红小豆，搅拌匀。
3 盖上锅盖，用大火煮15分钟后转中火煮1小时至食材熟软。
4 揭开锅盖，加入盐调味，搅拌均匀至食材入味。
5 盛出煮好的汤料，装入碗中，待稍微放凉即可食用。

百合蒸南瓜

材料：南瓜 200 克、鲜百合 70 克

调料：冰糖 30 克、水淀粉 4 毫升、食用油适量

做法

1 洗净去皮的南瓜切块摆盘，在南瓜上摆上冰糖、鲜百合，待用。
2 蒸锅注水烧开，放入南瓜盘，盖上锅盖，大火蒸 25 分钟至熟软，掀开锅盖，将南瓜取出。
3 另起锅，倒入南瓜盘中的糖水，加入水淀粉拌匀，淋入食用油，调成芡汁。
4 将调好的糖汁浇在南瓜上即可。

肉泥洋葱饼

材料：瘦肉块 90 克、洋葱 40 克、面粉 120 克

调料：盐 2 克、食用油适量

做法

1 取榨汁机，选绞肉刀座组合，放入洗净的瘦肉块，扣紧盖子。
2 通电后选择"绞肉"功能。
3 搅拌一会儿，制成肉泥。
4 盛出肉泥，放在小碟子中，备用。
5 将去皮洗净的洋葱切成粒。
6 把面粉倒入大碗中。
7 加入适量清水，搅拌均匀。
8 倒入肉泥，顺一个方向搅散，拌匀，至面团起劲。
9 加入洋葱，搅拌匀，撒上盐拌匀。
10 继续搅拌片刻至盐分溶于面团中，制成面糊，待用。
11 煎锅中注适量油，烧至三成热。
12 放入备好的面糊，用铲子铺匀，再压成饼状。
13 用小火煎至两面微黄色后取出切成块即可。

糖醋苦瓜

🥬**材料**：苦瓜300克、红椒适量、姜片少许、葱段少许

🥄**调料**：盐3克、鸡粉2克、白糖10克、白醋10毫升、番茄酱10克、水淀粉少许、食用油适量

🍴**做法**

1 洗净的苦瓜去籽，改切成短条。
2 洗好的红椒改切成条，备用。
3 将切好的苦瓜装入碗中，加入少许盐，拌匀，腌渍5分钟至析出水分。
4 锅中注入适量清水烧开，倒入苦瓜，拌匀，煮1分钟至七八成熟。
5 捞出苦瓜，沥干水分，装盘待用。
6 用油起锅，加入白醋、白糖、番茄酱，炒匀。
7 倒入葱段、姜片，炒匀。
8 放入切好的红椒，炒匀。
9 倒入焯过水的苦瓜，炒匀。
10 加入盐、鸡粉，炒至食材入味。
11 用水淀粉勾芡。
12 将炒好的菜肴，装入盘中即可。

 南瓜拌核桃

🥬**材料**：南瓜120克、土豆45克、配方奶粉10克、核桃粉15克、葡萄干20克

🥄**调料**：白糖适量

🍴**做法**

1 将洗净去皮的土豆切成片。
2 洗好的南瓜去皮切成片。
3 洗净的葡萄干切碎，再剁成末。
4 把切好的南瓜和土豆装在蒸盘中，待用。
5 蒸锅上火烧开，放入蒸盘，盖上锅盖，用中火蒸15分钟至食材熟软。
6 关火后揭开盖，取出蒸好的南瓜和土豆，凉凉待用。
7 取一个大碗，倒入放凉的南瓜和土豆，用勺子捣烂，再压成泥。
8 撒上配方奶粉，撒上适量的白糖，放入切好的葡萄干。
9 倒入核桃粉，搅拌至食材混合均匀。
10 将拌好的南瓜土豆泥装入小碗中，摆好盘即可。

南瓜绿豆银耳羹

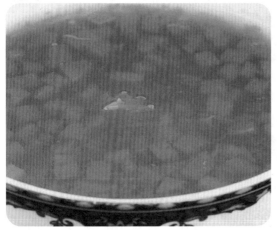

做法

1 将去皮洗净的南瓜切成小粒；洗净的银耳除去根部，剁碎备用。

2 锅中加入900毫升清水，盖上盖，用大火烧开。

3 揭开锅盖，倒入泡发好的绿豆，盖上盖，转成小火煮40分钟至绿豆涨开。

4 揭盖，倒入南瓜粒锅中，再盖上盖，继续煮15分钟至南瓜熟软。

5 将冰糖倒入锅中，煮2分钟至冰糖完全溶化。

6 加入水淀粉，用锅勺拌匀。

7 关火，将煮好的甜羹盛出即可。

材料： 银耳60克、南瓜50克、绿豆20克

调料： 冰糖30克、水淀粉适量

 ## 凉拌黄瓜

做法

1 洗净的黄瓜用刀面拍松，切成条，再切成块，装入盘中，放入盐、芝麻油、白糖，再放入蚝油、陈醋，加入蒜蓉辣酱，搅拌匀。

2 用保鲜膜将黄瓜封好，放入冰箱冷藏15~20分钟后取出。

3 去除保鲜膜，即可食用。

材料： 黄瓜200克

调料： 盐3克、白糖10克、蚝油15毫升、陈醋15毫升、蒜蓉辣酱10克、芝麻油适量

南瓜花生蒸饼

🌱**材料：**米粉70克、配方奶300毫升、南瓜130克、葡萄干30克、核桃粉少许、花生粉少许

🍴**做法**

1 蒸锅上火烧开，放入备好的南瓜，盖上锅盖，用中火蒸约15分钟至其熟软，取出放凉后压碎，碾成泥状；把洗好的葡萄干剁碎，备用。

2 将南瓜泥放入碗中，加入核桃粉、花生粉，再放入葡萄干、米粉，搅拌均匀，分次倒入配方奶，拌匀，制成南瓜糊，待用。

3 取一蒸碗，倒入南瓜糊，放入烧开的蒸锅中，盖上锅盖，用中火蒸15分钟即可。

 # 肉末茄泥

🌱**材料：**肉末90克、茄子120克、小油菜少许

🥄**调料：**盐少许、生抽适量、食用油适量

🍴**做法**

1 将洗净的茄子去皮，切成段，再切成条。

2 洗好的小油菜切丝，再切成粒。

3 把茄子放入烧开的蒸锅中，盖上盖子，用中火蒸15分钟至熟。

4 把蒸熟的茄子取出，凉凉。

5 将茄子放在砧板上，压烂，剁成泥。

6 用油起锅，倒入肉末，翻炒至松散、转色。

7 放入生抽，炒匀、炒香。

8 放入切好的小油菜，炒匀。

9 把茄子泥倒入锅中，加入少许盐，翻炒均匀。

10 将炒好的食材，盛出装盘即可。

藕尖黄瓜拌花生

材料： 黄瓜 80 克、花生仁 40 克、藕尖 300 克、朝天椒 2 根、葱段适量、蒜末适量

调料： 盐 2 克、鸡粉 2 克、生抽适量

做法

1 藕尖切小段；朝天椒切圈；黄瓜切丁。

2 锅内注入适量清水煮沸，倒入藕尖、花生仁煮至断生，捞出煮好的食材盛入碗中待用。

3 取一碗，加入盐、鸡粉、生抽，拌匀做成酱汁。

4 往藕尖中倒入酱汁，放入黄瓜拌匀，撒上朝天椒拌匀。

5 将拌好的食材盛入盘中即可。

丝瓜炒油条

材料： 丝瓜 500 克、油条 70 克、胡萝卜少许、姜片、蒜末各适量、葱白适量

调料： 盐、鸡粉各 3 克、蚝油 5 毫升、水淀粉适量、食用油适量

做法

1 将洗净的丝瓜去皮，对半切开，切成条，再改切成块。

2 油条切成长短等同的段。

3 锅置旺火上，注入适量食用油，烧热后倒入姜片、蒜末、葱白、胡萝卜丝，爆香，倒入丝瓜炒匀，加入少许清水，翻炒片刻。

4 加入盐、鸡粉、蚝油，快速拌炒匀，倒入油条，加少许清水炒 1 分钟至油条熟软。

5 加入水淀粉勾芡，再淋入少许熟油炒匀，起锅，盛出装盘即可。

过桥葫芦丝

做法

1 葫芦瓜切片；朝天椒切圈。
2 备好碗，加入盐、鸡粉、生抽，倒入朝天椒拌匀，制成酱汁。
3 锅内注水烧开，倒入葫芦瓜煮至断生，捞出待用。
4 备好盘，放上葫芦瓜，配上酱汁即可食用。

🌿**材料：**葫芦瓜 100 克、朝天椒 10 克

🥫**调料：**盐 3 克、鸡粉 3 克、生抽 5 毫升

脆皮茄丁

做法

1 将洗净的茄子削去部分外皮，切条，改切成丁。
2 往茄丁上撒上盐、鸡粉，裹上一层面粉。
3 另起锅，注油烧热，放入茄丁，炸 2 分钟至金黄色。
4 将炸好的茄丁捞出，撒上朝天椒即可。

🌿**材料：**朝天椒 10 克、茄子 100 克、面粉适量

🥫**调料：**盐 3 克、鸡粉 3 克、食用油适量

板栗糊

🌿**材料：** 板栗肉 150 克

🍯**调料：** 白糖 10 克

🍴**做法**

1 洗净的板栗肉对半切开，改切成小块，备用。

2 取榨汁机，选择搅拌刀座组合，倒入板栗肉，注入适量清水，选择"榨汁"功能，榨出板栗汁。

3 断电后倒出板栗汁，装入碗中，待用。

4 砂锅置于火上，倒入板栗汁，盖上锅盖，用中火煮 3 分钟，至其呈糊状。

5 揭开锅盖，搅拌几下，撒上适量白糖，搅拌片刻，用大火煮至白糖完全溶化。

6 关火后盛出板栗糊，装入碗中即可。

绿豆杏仁百合甜汤

🌿**材料：** 水发绿豆 140 克、鲜百合 45 克、杏仁少许

🍯**调料：** 白糖适量

🍴**做法**

1 砂锅中注入适量清水烧开，倒入洗好的绿豆、杏仁，盖上盖，烧开后用小火煮 30 分钟。

2 揭开盖，倒入洗净的鲜百合，拌匀，再盖上盖，用小火煮 15 分钟至食材熟透。

3 揭开盖，加入适量白糖，搅拌均匀。

4 关火后盛出煮好的甜汤，装碗即可。

板栗豆浆

🌿 **材料：** 板栗肉 100 克、水发黄豆 80 克

🥣 **调料：** 白糖适量

🍴 **做法**

1 将洗净的板栗肉切成小块，备用。

2 把已浸泡 8 小时的黄豆倒入碗中，加入适量清水，搓洗干净。

3 把洗净的黄豆倒入滤网，沥干水分。

4 将黄豆倒入豆浆机中，加入适量清水，至水位线即可。

5 盖上豆浆机机头，选择"五谷"程序，再选择"开始"键，启动豆浆机。

6 待豆浆机运转 15 分钟，即成豆浆。

7 将豆浆机断电，取下机头，把煮好的豆浆倒入滤网，滤去豆渣。

8 将豆浆倒入碗中，加入适量白糖，搅拌均匀至其溶化即可。

 清淡米汤

🍴 **做法**

1 砂锅中注入适量清水烧开，倒入洗净的大米，搅拌均匀，盖上盖，烧开后用小火煮 20 分钟，至米粒熟软。

2 揭盖，搅拌均匀。

3 将煮好的粥滤入碗中，待米汤稍微冷却后即可饮用。

🌿 **材料：** 水发大米 90 克

猕猴桃薏米粥

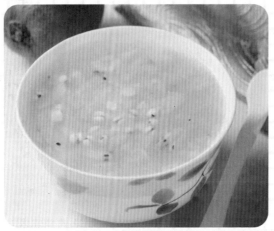

🌱**材料**：水发薏米 220 克、猕猴桃 40 克

🍶**调料**：冰糖适量

🍴 **做法**

1 洗净的猕猴桃切去头尾，削去果皮，切开，去除硬芯，切成片，再切成碎末，备用。

2 砂锅注水烧开，倒入洗净的薏米，拌匀，盖上锅盖，煮开后用小火煮 1 小时至薏米熟软。

3 揭开锅盖，倒入猕猴桃末，加入适量冰糖，搅拌均匀，煮 2 分钟至冰糖完全溶化。

4 关火后盛出煮好的粥，装入碗中即可。

 ## 黑豆莲藕鸡汤

🌱**材料**：水发黑豆 100 克、鸡肉 300 克、莲藕 180 克、姜片少许

🍶**调料**：盐少许、鸡粉少许、料酒 5 毫升

🍴 **做法**

1 将洗净去皮的莲藕对半切开，再切成块，改切成丁；洗好的鸡肉切开，再斩成小块。

2 锅中注入适量清水烧开，倒入鸡块，搅动几下，再煮一会儿，汆去血水后捞出，沥干水分，待用。

3 砂锅中注入适量清水烧开，放入姜片，倒入汆过水的鸡块，放入洗好的黑豆，倒入藕丁，淋入少许料酒，盖上盖，煮沸后用小火炖煮 40 分钟至食材熟透，取下盖子，加入少许盐、鸡粉搅匀调味，续煮一会儿至食材入味。

4 关火后盛出煮好的鸡汤，装入汤碗中即可。

糯米藕

🌿**材料**：莲藕100克、糯米80克、红枣40克

🥄**调料**：冰糖35克、红糖35克、桂花少许、蜂蜜少许

🍴**做法**

1 糯米洗净后用清水浸泡2~3小时；莲藕洗净去皮。

2 用刀在藕的一头连同藕蒂切掉两三厘米，留作盖子。

3 将已经泡好的糯米填入莲藕中，用牙签固定封口。

4 把酿好的糯米藕放入锅中，加入红枣，注入清水没过莲藕，加入冰糖、红糖，大火煮开后转小火煮半小时。

5 将煮好的糯米藕捞出，凉凉后切片，根据个人口味加上适量桂花和蜂蜜即可。

 白萝卜莲藕汁

🌿**材料**：白萝卜120克、莲藕120克

🥄**调料**：蜂蜜适量

🍴**做法**

1 洗净的莲藕切厚片，再切条，改切成丁。

2 洗好去皮的白萝卜切厚块，再切条，改切成丁，备用。

3 取榨汁机，选择搅拌刀座组合，倒入切好的白萝卜、莲藕，加入适量纯净水，盖上盖，选择"榨汁"功能，榨取蔬菜汁。

4 揭开盖，加入少许蜂蜜，再次盖上盖，选择"榨汁"功能，搅拌均匀。

5 将榨好的蔬菜汁倒入杯中即可。

莲藕小丸子

材料：莲藕 90 克

调料：盐少许、鸡粉 2 克、生粉适量、白醋适量

做法

1 洗净去皮的莲藕切片，再切条，改切成丁。
2 将莲藕丁放入碗中，注入少许清水，淋入适量白醋，搅拌匀，静置10 分钟。
3 取榨汁机，选择搅拌刀座组合，倒入藕丁，盖上盖。
4 选择"搅拌"功能，将藕丁搅打成细粉。
5 将搅拌好的莲藕倒出，装入碗中，待用。
6 加入适量盐、鸡粉，再撒上生粉，搅拌至藕粉起浆。
7 将藕粉揉搓成数个大小一致的丸子，装入蒸盘。
8 蒸锅上火烧开，放入蒸盘。
9 盖上锅盖，用中火蒸 8 分钟至熟。
10 揭开锅盖，取出蒸盘，待稍微放凉后即可食用。

 # 雪梨川贝无花果瘦肉汤

材料：雪梨 120 克、无花果 20 克、杏仁10 克、川贝 10 克、陈皮 7 克、瘦肉块 350 克、高汤适量

调料：盐 3 克

做法

1 洗净去皮的雪梨切开，去核，再切成块。
2 泡好的陈皮刮去白色部分。
3 锅中注入适量清水烧开，倒入洗净的瘦肉，搅拌均匀，煮 2 分钟，汆去血水。
4 捞出汆煮好的瘦肉，过一下冷水，装盘备用。
5 砂锅中注入适量高汤烧开，倒入汆煮好的瘦肉。
6 倒入洗好的无花果、杏仁、川贝、陈皮，搅拌均匀。
7 盖上盖，大火煮 15 分钟，转小火慢炖 1 小时至食材熟透。
8 揭开盖，加入盐，搅拌均匀至食材入味。
9 盛出炖好的汤料，装入碗中即可。

银耳枸杞炒鸡蛋

🌱**材料**：水发银耳 100 克、鸡蛋 3 个、枸杞 10 克、葱花少许

🥄**调料**：盐 3 克、鸡粉适量、水淀粉 14 毫升、食用油适量

🍴做法

1 洗好的银耳切去黄色根部，切小块；鸡蛋打入碗中，加入少许盐、鸡粉，淋入适量水淀粉，用筷子打散调匀。

2 锅中注入适量清水烧开，加入切好的银耳，放入少许盐，拌匀，煮半分钟至其断生，捞出，沥干水分，待用。

3 用油起锅，倒入蛋液，炒熟，盛出，装入碗中，备用。

4 锅底留油，倒入焯过水的银耳，放入鸡蛋，放入洗净的枸杞，加入葱花，翻炒匀，加入剩余的盐、鸡粉，炒匀调味，淋入适量水淀粉，快速翻炒均匀即可。

 ## 马蹄银耳汤

🌱**材料**：马蹄 100 克、水发银耳 120 克

🥄**调料**：食粉适量、冰糖 30 克

🍴做法

1 洗净去皮的马蹄切成片；洗好的银耳切去黄色根部，切成小块。

2 锅中注入适量清水烧开，倒入切好的银耳，放入少许食粉，拌匀，煮 1 分钟。

3 将焯好的银耳捞出，沥干水分，备用。

4 砂锅中倒入适量清水烧开，放入焯过水的银耳，倒入切好的马蹄，盖上盖，用小火煮 30 分钟。

5 揭开盖，放入冰糖，搅拌匀，煮至冰糖完全溶化。

6 将煮好的甜汤盛出，装入碗中即可。

太子参百合甜汤

🍴**做法**

1 砂锅中注入适量清水烧开。
2 倒入洗净的太子参、红枣，放入洗好的鲜百合，盖上盖，煮沸后用小火煮 20 分钟，至食材熟软。
3 揭盖，撒上白糖，搅拌匀，转中火再煮片刻，至糖分完全溶化。
4 关火后盛出煮好的百合甜汤，装入汤碗中即可。

🌿**材料：**鲜百合 50 克、红枣 15 克、太子参 8 克

🍶**调料：**白糖 15 克

百合绿豆粥

🍴**做法**

1 取电饭锅，倒入大米、绿豆、小西米、百合、冰糖，注入适量清水。
2 盖上盖，按"功能"键，选择"八宝粥"功能时间为 2 小时，开始蒸煮。
3 待时间到，按"取消"键断电，稍稍搅拌匀。
4 盛出煮好的粥，装入碗中即可。

🌿**材料：**水发大米 80 克、水发绿豆 50 克、水发小西米 30 克、水发百合 15 克

🍶**调料：**冰糖适量

莲子百合汤

📱做法

1 洗净的莲子用牙签挑去莲子心。
2 锅中注水烧开，倒入莲子，加盖焖煮至熟透，加入白糖拌匀，再加入洗净的百合煮沸。
3 将莲子、鲜百合盛入汤盅，放入已预热好的蒸锅，加盖，用慢火蒸30分钟即可。

🥬**材料：**鲜百合35克、水发莲子50克

◉**调料：**白糖适量

 # 百合枇杷炖银耳

📱做法

1 洗净的银耳去蒂，切成小块。
2 洗好的枇杷切开，去核，再切成小块，备用。
3 锅中注入适量清水烧开，倒入备好的枇杷、银耳，放入百合，盖上盖，烧开后用小火煮15分钟。
4 揭盖，加入适量冰糖，拌匀，煮至冰糖溶化。
5 关火后盛出炖煮好的汤料即可。

🥬**材料：**水发银耳70克、鲜百合35克、枇杷30克

◉**调料：**冰糖10克

安神莲子汤

🍴做法

1 洗净去皮的木瓜切成厚片，再切成块，备用。

2 锅中注入适量清水烧热，放入切好的木瓜，倒入备好的莲子拌匀，盖上盖子，烧开后转小火煮10分钟至食材熟软。

3 揭开盖子，倒入百合拌匀煮熟，加入适量白糖，搅拌均匀至入味。

4 将煮好的甜汤盛出，装入碗中即可。

🥬**材料**：木瓜50克、水发莲子30克、百合少许

🥄**调料**：白糖适量

芡实百合香芋煲

🍴做法

1 砂锅中注入适量清水，倒入泡好的芡实，加盖，用大火煮开后转小火续煮30分钟至熟软。

2 揭盖，倒入切好的芋头，拌匀，加盖，用大火煮开后转小火煮20分钟至熟软。

3 揭盖，加入鲜百合、牛奶，拌匀，用中火煮开后转小火，倒入洗净已去虾线的虾仁，煮至虾仁转色。

4 加入盐、鸡粉，搅拌均匀，用中火煮开。

5 关火后盛出煮好的汤品，装碗即可。

🥬**材料**：芡实50克、鲜百合30克、芋头100克、虾仁6个、牛奶250毫升

🥄**调料**：鸡粉3克、盐3克

红枣蒸百合

做法

1 电蒸锅注水烧开上气，放入洗净的红枣，盖上锅盖，调转旋钮定时蒸 20 分钟。

2 待 20 分钟后，掀开锅盖，将红枣取出。

3 将备好的百合、冰糖摆放到红枣上，再次放入烧开的电蒸锅，盖上锅盖，调转旋钮定时再蒸 5 分钟。

4 待 5 分钟后，掀开锅盖，取出蒸好的食材即可。

材料：鲜百合 50 克、红枣 80 克

调料：冰糖 20 克

栗焖香菇

做法

1 洗净的板栗对半切开；洗好的香菇切十字刀，成小块状；洗净的胡萝卜切滚刀块。

2 用油起锅，倒入切好的板栗、香菇、胡萝卜，翻炒均匀，加入生抽、料酒，炒匀，注入 200 毫升左右的清水，加入盐、鸡粉、白糖充分拌匀，加盖，用大火煮开后转小火焖15 分钟使其入味。

3 揭盖，用水淀粉勾芡。

4 关火后盛出菜肴，装盘即可。

材料：去皮板栗 200 克、鲜香菇 40 克、去皮胡萝卜 50 克

调料：盐 1 克、鸡粉 1 克、白糖 1 克、生抽 5 毫升、料酒 5 毫升、水淀粉 5 毫升、食用油适量

奶油娃娃菜

做法

1 洗净的娃娃菜切成瓣，备用。
2 蒸锅中注入适量清水烧开，放入娃娃菜，盖上盖，用大火蒸 10 分钟至熟，揭盖，取出备用。
3 锅置火上，倒入鸡汤，放入枸杞，加入奶油拌匀，用水淀粉勾芡。
4 关火后盛出汤汁，浇在娃娃菜上即可。

材料： 娃娃菜 300 克、奶油 8 克、枸杞 5 克、鸡汤 150 毫升

调料： 水淀粉适量

包菜甜椒粥

做法

1 洗净的包菜切碎；红彩椒、黄彩椒切丁。
2 砂锅中注水，放入包菜，倒入泡好的大米，炒约 2 分钟至食材转色。
3 注水搅匀，加盖，用大火煮开后转小火煮 30 分钟至食材熟软。
4 揭盖，倒入红黄彩椒丁，搅匀，加盖，煮 5 分钟至食材熟软。
5 关火后盛出煮好的粥，装碗即可。

材料： 水发大米 65 克、黄彩椒 50 克、红彩椒 50 克、包菜 30 克

蔬菜蛋黄羹

🌱**材料**：包菜 100 克、胡萝卜 85 克、鸡蛋 2 个、水发香菇 40 克

做法
1 洗净的香菇去蒂，切成粒。
2 洗好的胡萝卜改切成粒。
3 洗净的包菜切成粗丝，再切成丁。
4 锅中注入适量清水烧开。
5 倒入胡萝卜，煮 2 分钟。
6 放入香菇、包菜，拌匀，煮至熟软。
7 捞出焯好的材料，沥干水分，待用。
8 鸡蛋打开，取出蛋黄，装入碗中，注入少许温开水，拌匀。
9 放入焯过水的材料，拌匀。
10 取一蒸碗，倒入拌好的材料，待用。
11 蒸锅上火烧开，放入蒸碗，盖上盖，用中火蒸 15 分钟至熟。
12 揭盖，取出蒸碗，待稍凉后即可食用。

 鸡肉包菜汤

🌱**材料**：鸡胸肉 150 克、包菜 60 克、胡萝卜 75 克、高汤 1000 毫升、豌豆 40 克、水淀粉适量

做法
1 锅中注入适量清水烧热，放入鸡胸肉，用中火煮 10 分钟。
2 捞出鸡胸肉，沥干水分，放凉待用。
3 将放凉的鸡肉切片，再切条，改切成粒。
4 洗好的豌豆切开，再切碎。
5 洗净的胡萝卜去皮切薄片，再切条形，改切成粒。
6 洗净的包菜切开，切碎，备用。
7 锅中注入适量清水烧开。
8 倒入高汤，放入鸡肉，拌匀，用大火煮至沸。
9 倒入豌豆，拌匀，放入胡萝卜、包菜，拌匀，用中火煮 5 分钟。
10 倒入适量水淀粉搅拌均匀，至汤汁浓稠。
11 关火，将煮好的汤料盛入碗中即可。

猪肉包菜卷

材料：肉末60克、包菜70克、西红柿75克、洋葱50克、蛋清40克、姜末少许

调料：盐2克、水淀粉适量、生粉少许、番茄酱少许

做法

1 锅中注水烧开，放入洗净的包菜拌匀，煮2分钟至其变软，捞出沥水，放凉待用。
2 洗好的西红柿切开，去皮，切碎；洗净的洋葱切丁。
3 把放凉的包菜修整齐。
4 取一碗，放入西红柿、肉末、洋葱，撒上姜末，加盐、水淀粉，拌匀制成馅料。
5 蛋清中加入少许生粉，拌匀，待用。
6 取包菜，放入适量馅料，卷成卷，用蛋清封口，制成数个生坯装盘。
7 蒸锅上火烧开，放入蒸盘，盖上盖，用中火蒸20分钟至食材熟透。
8 关火，取出蒸好的包菜卷，挤上番茄酱即可。

 # 牛肉南瓜汤

材料：牛肉120克、南瓜95克、胡萝卜70克、洋葱50克、牛奶100毫升、高汤800毫升、黄油少许

做法

1 洗净的洋葱切开，改切成粒状。
2 洗好去皮的胡萝卜切片，再切条，改切成粒。
3 洗净去皮的南瓜切片，再切条，改切成小丁。
4 洗好的牛肉去除肉筋，切片，再切丝，改切成粒，备用。
5 煎锅置于火上，倒入黄油，拌匀，至其溶化。
6 倒入牛肉，炒匀至其变色。
7 放入备好的洋葱、南瓜、胡萝卜，炒至变软。
8 加入牛奶，倒入高汤搅拌均匀。
9 用中火煮10分钟至食材入味。
10 关火后盛出煮好的南瓜汤即可。

土豆胡萝卜肉末羹

材料：土豆110克、胡萝卜85克、肉末50克

🍴 做法

1 去皮洗净的土豆切成片。
2 洗好的胡萝卜切成片。
3 把胡萝卜和土豆分别装盘，放入烧开的蒸锅中。
4 盖上盖，用中火蒸15分钟至熟。
5 揭盖，把蒸好的胡萝卜、土豆取出。
6 取榨汁机，选搅拌刀座组合，把土豆、胡萝卜倒入杯中，加入适量清水。
7 盖上盖子，选择"搅拌"功能，榨取土豆胡萝卜汁。
8 把榨好的蔬菜汁倒入碗中。
9 砂锅中注入适量清水烧开，放入肉末。
10 倒入榨好的蔬菜汁，拌匀煮沸。
11 用勺子持续搅拌，煮至食材熟透。
12 把煮好的肉末羹盛出，装入碗中即可。

 # 小米蒸红薯

材料：水发小米80克、去皮红薯250克

🍴 做法

1 洗净的红薯去皮，切小块。
2 将切好的红薯块装碗，倒入泡好的小米，搅拌均匀。
3 将拌匀的食材装盘。
4 电蒸锅注水烧开，放入食材，加盖，调好时间旋钮，蒸30分钟至熟。
5 待时间到，取出蒸好的小米和红薯即可。

红薯粥

材料： 红薯 150 克、大米 100 克

做法

1 洗净的红薯去皮，切小块。
2 砂锅中注水烧开，倒入泡好的大米。
3 放入去皮洗净切好的红薯，拌匀。
4 加盖，用大火煮开后转小火续煮 1 小时至食材熟软。
5 揭盖，搅拌匀，关火，盛出煮好的粥，装碗即可。

玉米红薯粥

材料： 玉米碎 120 克、红薯 80 克

做法

1 洗净去皮的红薯切块，再切条，改切成粒，备用。
2 砂锅中注入适量清水烧开，倒入玉米碎，加入切好的红薯，搅拌匀。
3 盖上盖，用小火煮 20 分钟，至食材熟透。
4 揭开盖，搅拌均匀。
5 关火后将煮好的粥盛出，装入碗中即可。

红薯莲子银耳汤

材料：红薯 130 克、水发莲子 150 克、水发银耳 200 克

调料：白糖适量

做法

1 洗好的银耳切去根部，撕成小朵；去皮洗净的红薯切片，切条形，再切丁。
2 砂锅中注入适量清水烧开，倒入洗净的莲子，放入切好的银耳，烧开后改小火煮 30 分钟，至食材变软，揭盖。
3 倒入红薯丁拌匀，用小火续煮 15 分钟，至食材熟透。
4 加入少许白糖，拌匀，转中火，煮至白糖溶化。
5 关火后盛出煮好的银耳汤，装在碗中即可。

泥鳅烧香芋

材料：芋头 300 克、泥鳅 170 克、姜片少许、蒜末少许、葱段少许

调料：盐 2 克、鸡粉 2 克、生粉 15 克、生抽适量、食用油适量

做法

1 洗净去皮的芋头斜刀切成小丁块。
2 泥鳅划开，去除内脏和污渍，洗净。
3 取一盘，放入处理好的泥鳅，加生抽，拌匀。
4 撒上生粉，拌匀，腌渍 10 分钟。
5 热锅注油，烧至四五成热，倒入芋头，用小火炸 1 分钟，至六七成熟。
6 捞出芋头，沥干油，待用。
7 把泥鳅放入油锅，拌匀，用中火炸至焦脆。
8 捞出炸好的泥鳅，沥干油，待用。
9 锅底留油烧热，倒入姜片、蒜末、葱段，爆香。
10 倒入少许温水，拌匀。
11 加入少许生抽、盐、鸡粉，用大火略煮至汤汁沸腾。
12 将烧好的菜肴盛入盘中即可。

家常牛肉汤

🌱**材料**：牛肉 200 克、土豆 150 克、西红柿 100 克、姜片少许、枸杞少许、葱花少许

📍**调料**：盐 2 克、鸡粉 2 克、胡椒粉适量、料酒适量

⸝⸝做法

1 把洗净的牛肉切成丁。
2 去皮洗净的土豆切开，切成大块。
3 洗好的西红柿切开，切去蒂，再切成块。
4 砂煲中注入适量清水，用大火煮沸。
5 放入姜片、洗净的枸杞，倒入牛肉丁，淋入少许料酒，拌匀。
6 用大火煮沸，掠去浮沫。
7 盖上盖，用小火煲煮 30 分钟至牛肉熟软。
8 揭盖，倒入切好的土豆、西红柿。
9 盖上盖，煮 15 分钟至食材熟透。
10 揭开盖，加入盐、鸡粉、胡椒粉，拌煮均匀至入味。
11 将煮好的牛肉汤盛入汤碗中，撒上葱花即可。

 # 芋头粥

⸝⸝做法

1 洗净去皮的芋头切成薄片，再切成细丝，改切成粒，备用。
2 砂锅中注入适量清水烧开，倒入洗净的大米，搅拌片刻，倒入芋头粒，搅拌均匀，盖上锅盖，烧开后用小火煮 40 分钟至食材熟软。
3 揭开锅盖，略搅片刻，关火，将煮好的粥盛出，装入碗中即可。

🌱**材料**：水发大米 80 克、芋头 170 克

红枣芋头

材料：去皮芋头 250 克、红枣 20 克

调料：白糖适量

做法

1 洗净的芋头切片。

2 取一盘，将洗净的红枣摆放在底层中间。

3 盘中依次均匀地铺上芋头片，顶端再放入几颗红枣。

4 蒸锅注水烧开，放上摆好食材的盘子，加盖，用大火蒸 10 分钟至熟透。

5 揭盖，取出芋头及红枣，撒上白糖即可。

 # 花生炖羊肉

材料：羊肉 400 克、花生仁 150 克、葱段少许、姜片少许

调料：生抽 10 毫升、料酒 10 毫升、水淀粉 10 毫升、盐 3 克、鸡粉 3 克、白胡椒粉 3 克、食用油适量

做法

1 洗净的羊肉切厚片，改切成块，放入沸水锅中，搅散，汆煮至转色，捞出，放入盘中待用。

2 热锅注油烧热，放入姜片、葱段，爆香，放入羊肉，炒香，加入料酒、生抽，注入 300 毫升的清水，倒入花生仁，撒上盐，加盖，大火煮开后转小火炖 30 分钟。

3 揭盖，加入鸡粉、白胡椒粉、水淀粉，充分拌匀入味。

4 关火后将炖好的羊肉盛入盘中即可。

紫菜豆腐羹

材料：豆腐 260 克、西红柿 65 克、鸡蛋 1 个、水发紫菜 200 克、葱花少许

调料：盐 2 克、鸡粉 2 克、芝麻油适量、水淀粉适量、食用油适量

做法

1 洗净的西红柿对半切开，切片，再切小丁块；洗好的豆腐切条形，改切成小方块；鸡蛋打入碗中，打散调匀，制成蛋液，备用。

2 锅中注入适量清水烧开，倒入少许食用油，放入切好的西红柿，略煮片刻，倒入豆腐块，拌匀，加入鸡粉、盐，放入洗净的紫菜，拌匀，用大火煮 1 分 30 秒至食材熟透。

3 倒入水淀粉勾芡，倒入蛋液，边倒边搅拌，至蛋花成形，淋入少许芝麻油，搅拌匀至食材入味。

4 关火后盛出煮好的食材，装入碗中，撒上葱花即可。

西葫芦牛肉饼

材料：西葫芦 350 克、牛肉 100 克、面粉 120 克、蛋黄少许

调料：生抽 2 毫升、盐少许、鸡粉 1 克、生粉 5 克、芝麻油 2 毫升、食用油适量

做法

1 面粉装入碗中，放入蛋黄，加少许清水。

2 将面粉搅成面糊，待用。

3 洗好的西葫芦切厚片。

4 用工具将西葫芦中间掏除。

5 取一个干净的盘子，撒上适量生粉。

6 放入西葫芦块，再撒上适量生粉。

7 洗净的牛肉切碎，剁成肉末。

8 将牛肉末装入碗中，放入少许生抽、盐、鸡粉。

9 加入生粉、芝麻油，抓匀至入味。

10 取适量肉末，逐一塞入西葫芦块中。

11 热锅注油，烧至五成热。

12 将西葫芦裹上面糊，放入油锅中。

13 不停翻搅，用小火炸 2 分 30 秒至熟。

14 把西葫芦牛肉饼夹出，装盘即可。

西湖牛肉羹

材料：牛肉 80 克、豆腐 100 克、水发香菇 50 克、胡萝卜 70 克、西芹 40 克、蛋清适量、姜片适量

调料：盐 2 克、鸡粉 2 克、水淀粉 2 毫升、料酒 5 毫升、食用油适量

做法

1 洗好的西芹切片。
2 洗净的胡萝卜切段，再切片。
3 洗好的豆腐切开，再切小方块。
4 洗净的香菇切片。
5 洗好的牛肉切片，再切成丝，改切成粒，剁碎，备用。
6 用油起锅，倒入牛肉，翻炒 1 分钟至变色。
7 盛出炒好的牛肉，装盘待用。
8 另起锅，倒入适量食用油烧热，放入姜片，爆香。
9 放入料酒，加入适量清水，倒入其他切好的食材，炒匀。
10 放入牛肉，拌匀，煮 5 分钟。
11 放入盐、鸡粉，拌匀。
12 倒入适量水淀粉，搅拌匀。
13 放入蛋清，快速搅匀。
14 将煮好的汤羹盛入汤碗中即可。

 # 水果豆腐沙拉

材料：橙子 40 克、日本豆腐 70 克、猕猴桃 30 克、圣女果 25 克、酸奶 30 毫升

做法

1 日本豆腐去除外包装，切成棋子块；去皮洗好的猕猴桃切成片；洗净的圣女果切成片；橙子去皮，切成片。
2 锅中注入适量清水，用大火烧开，放入切好的日本豆腐，煮半分钟至其熟透，捞出，装盘。
3 把切好的水果放在日本豆腐块上，淋上酸奶即可。

鲜鱼豆腐稀饭

做法

1 蒸锅上火烧开，放入草鱼肉，盖上盖，用中火蒸10分钟至熟，揭开盖，取出鱼肉，放凉，去除鱼皮、鱼骨，把鱼肉剁碎，备用。
2 洗净的胡萝卜切片，再切细丝，改切成粒；洗好的洋葱切成条形，改切成碎末，洗净的杏鲍菇切片，再切条形，改切成粒，备用；洗好的豆腐切块，再切条形，改切成小方块。
3 砂锅中注入适量清水烧热，倒入海带汤，用大火煮沸，放入备好的草鱼、杏鲍菇拌匀，倒入胡萝卜拌匀，放入豆腐、洋葱、稀饭拌匀搅散，盖上盖，烧开后用小火煮20分钟。
4 揭开盖，搅拌均匀，关火，盛出煮好的稀饭即可。

材料：草鱼肉80克、胡萝卜50克、豆腐100克、洋葱25克、杏鲍菇40克、稀饭120克、海带汤250毫升

 ## 清炒小小油菜

做法

1 红椒切块；小油菜拆开成一片片。
2 热锅注油，倒入蒜末爆香，倒入红椒块、小油菜炒至断生。
3 加入盐、鸡粉、生抽炒匀调味。
4 关火后将菜肴盛入盘中即可。

材料：小油菜100克、红椒30克、蒜末适量

调料：盐2克、鸡粉3克、生抽适量、食用油适量

三鲜豆腐

做法

1 豆腐切块；蟹味菇洗净，摘成小朵；虾仁去虾线。

2 锅内注水烧开，倒入虾仁、豆腐、蟹味菇，中火煮 8 分钟。

3 揭盖，加入盐、鸡粉、芝麻油拌匀。

4 关火，将食材盛入碗中，撒上葱花即可。

材料：豆腐 100 克、蟹味菇 90 克、虾仁 80 克、葱花适量

调料：盐 2 克、鸡粉 2 克、芝麻油适量

 香煎豆干

做法

1 豆干切等长块。

2 热锅注油，放入豆干煎至两面微黄色。

3 撒上盐、鸡粉、辣椒粉。

4 关火，将煎好的豆干盛入盘中即可。

材料：豆干 100 克

调料：盐 2 克、鸡粉 2 克、辣椒粉适量、食用油适量

香煎豆腐

做法

1 豆腐切成同等大小的方块。
2 热锅注油，放入豆腐块，煎至两面微黄色。
3 撒上盐、鸡粉、辣椒粉拌匀，继续撒上葱花拌匀。
4 关火后将豆腐盛入盘中即可。

🌿**材料：**豆腐 100 克、葱花适量

🥄**调料：**盐 2 克、鸡粉 2 克、辣椒粉适量、食用油适量

排骨莲藕汤

做法

1 排骨斩成块；莲藕去皮，切成块。
2 锅内注水烧开，倒入排骨，汆去血水后捞出。
3 取一砂锅，倒入姜片、排骨、莲藕、玉竹、莲子、红枣，拌匀，盖上锅盖，大火煮开后转小火煮 1 小时。
4 揭盖后，加入盐、鸡粉拌匀调味，将煮好的汤汁盛入碗中即可。

🌿**材料：**排骨 400 克、莲藕 200 克、玉竹 60 克、红枣 20 克、水发莲子 60 克、姜片适量

🥄**调料：**盐 2 克、鸡粉 2 克

香芋地瓜丸

🌱**材料**：红薯 300 克、香芋 150 克

🍶**调料**：白糖 10 克、食用油适量

🍴 做法

1 红薯、香芋去皮切大块。

2 蒸锅注水烧开，放入食材蒸 30 分钟。

3 揭盖，取出红薯和香芋放凉后，分别碾成泥，撒上白糖拌匀。

4 取少许红薯泥揪，搓出球，再捏成中间厚边缘薄的饼，用勺子挖一小勺把香芋泥放在饼上搓成团子状，将剩余的材料也搓成团子。

5 锅里烧油，烧至七成热，倒入团子油炸至金黄色后捞出，摆放在盘中即可。

酱肉娃娃菜

🌱**材料**：娃娃菜 300 克、酱肉 50 克

🍶**调料**：盐 2 克、鸡粉 2 克、水淀粉适量

🍴 做法

1 洗净的娃娃菜切成块；酱肉切片。

2 锅中注水烧开，放入娃娃菜焯至断生，捞出待用。

3 另起锅，注入少许水，放入酱肉片，煮至汤汁变白，倒入娃娃菜，待水烧开后，加入盐、鸡粉，后用水淀粉勾芡。

4 关火，将娃娃菜装盘，酱肉片摆在上面即可。

PART **4**

一日三餐，
给孩子最好的搭配

时蔬肉饼

材料： 菠菜 50 克、西红柿 85 克、土豆 85 克、芹菜 50 克、肉末 75 克

调料： 盐少许

做法

1 汤锅中注水烧开，放入西红柿，烫煮 1 分钟，取出，去皮备用。

2 土豆对半切开，切成丝；芹菜切成粒，再剁成末；菠菜切成粒；西红柿去蒂，剁碎。

3 土豆放入烧开的蒸锅中，用中火蒸 15 分钟至熟，取出，放凉后压烂，剁成泥。

4 将土豆泥装入碗中，放入肉末，拌匀后放入少许盐，加入西红柿、菠菜、芹菜，拌匀，制成蔬菜肉泥，放入模具中，压实，取出制成饼坯，装入盘中备用。

5 将饼坯放入烧开的蒸锅中，大火蒸 5 分钟至熟，取出即可。

土豆豆浆

材料： 水发黄豆 50 克、土豆 35 克

做法

1 洗净去皮的土豆切小块待用。

2 将已浸泡 8 小时的黄豆倒入碗中，加入适量清水搓洗干净，倒入滤网，沥水备用。

3 把备好的黄豆和土豆倒入豆浆机中，注入适量清水，选择"五谷"程序，再选择"开始"键，开始打浆，待豆浆机运转 15 分钟即成豆浆。

4 把认识好的豆浆倒入滤网，滤取豆浆，倒入杯中，待稍微放凉后即可饮用。

白果蒸蛋羹

做法

1 鸡蛋打入装有 100 毫升水的碗中，打散搅匀，倒入盐、熟白果，搅拌均匀。

2 拌好的蛋液装入碗中，封上保鲜膜。

3 蒸锅上火烧开，放入鸡蛋液，蒸 10 分钟即可。

🌱**材料：**鸡蛋 100 克、熟白果 25 克

🍥**调料：**盐 2 克

 面包水果粥

做法

1 把面包切条形，再切成小丁块；洗净的梨去核，去皮，改切成丁。

2 洗好的苹果去核，削去果皮，把果肉切成丁；草莓去蒂，切小块，改切成丁，备用。

3 砂锅中注入适量清水烧开，倒入面包块，略煮。

4 撒上切好的梨丁，拌匀，倒入切好的苹果丁，草莓丁，搅拌匀，用大火煮 1 分钟，至食材熟软。

5 关火后盛出煮好的水果粥即可。

🌱**材料：**苹果 100 克、梨 100 克、草莓 45 克、面包 30 克

豆渣鸡蛋饼

材料：豆渣80克、鸡蛋2个、葱花少许

调料：盐2克、鸡粉2克、食用油适量

做法

1 锅置火上，倒入少许食用油，放入豆渣，炒至熟透。
2 关火后盛出炒好的豆渣，备用。
3 取一碗，打入鸡蛋，加盐、鸡粉，拌匀。
4 倒入炒好的豆渣，拌匀。
5 撒上葱花，搅拌均匀。
6 用油起锅，倒入部分拌好的食材，炒匀。
7 关火后盛出炒好的食材，装入余下的食材中，拌匀。
8 煎锅烧热，倒入少许食用油烧热，倒入混合好的食材，摊开，铺匀。
9 晃动煎锅，用小火煎至蛋饼成形。
10 翻转蛋饼，用小火煎至两面熟透。
11 关火后盛出煎好的蛋饼。
12 把煎好的蛋饼切成小块，装入盘中即可。

奶香玉米饼

材料：鸡蛋1个、牛奶100毫升、玉米粉150克、面粉120克、泡打粉少许、酵母少许

调料：白糖适量、食用油适量

做法

1 将玉米粉、面粉放入大碗中。
2 倒入泡打粉、酵母，加入少许白糖，搅拌匀。打入鸡蛋，拌匀，倒入牛奶，搅拌匀。
3 分次加入少许清水，搅拌匀，使材料混合均匀，呈糊状。
4 盖上湿毛巾静置30分钟，使其发酵。
5 揭开毛巾，取出发酵好的面糊，注入少许食用油，拌匀，备用。
6 煎锅刷上少许食用油烧热。
7 转小火，将面糊做成数个小圆饼放入煎锅中。
8 转中火煎出香味，不断晃动煎锅。
9 翻转小面饼，用小火煎至两面熟透。
10 关火后盛出煎好的面饼，装入盘中即可。

土豆胡萝卜菠菜饼

材料： 胡萝卜70克、土豆50克、菠菜65克、鸡蛋2个、面粉150克

调料： 盐3克、鸡粉2克、芝麻油2毫升、食用油适量

做法

1 洗净的菠菜切成粒。
2 洗好去皮的土豆切成粒。
3 洗净去皮的胡萝卜改切成粒。
4 锅中注适量水烧开，加入少许盐。
5 倒入切好的土豆、胡萝卜，搅拌片刻，倒入菠菜粒，煮至沸。
6 捞出焯好的食材，待用。
7 鸡蛋打入碗中，加入剩余的盐、鸡粉。
8 放入焯过水的食材，搅拌均匀。
9 倒入面粉，拌匀，淋入芝麻油，拌匀，制成面糊。
10 煎锅内注入适量食用油烧热，倒入面糊，摊成饼状，煎至成型，至散出香味。
11 将面饼翻面，煎至两面呈焦黄色。
12 取出煎好的蔬菜饼，分切成三角形即可。

西红柿面片汤

材料： 西红柿90克、馄饨皮100克、鸡蛋1个、姜片少许、葱段少许

调料： 盐2克、鸡粉少许、食用油适量

做法

1 将备好的馄饨皮沿对角线切开，制成生面片，待用。
2 洗好的西红柿切开，再切小瓣。
3 鸡蛋打入碗中，搅散，调成蛋液，待用。
4 用油起锅，放入姜片、葱段，爆香。
5 捡出姜、葱，倒入切好的西红柿，炒匀，注入适量清水，用大火煮2分钟，至汤水沸腾。
6 倒入生面片，搅散、拌匀，转中火煮4分钟，至食材熟透。
7 倒入蛋液，拌匀，至液面浮现蛋花。
8 加入盐、鸡粉，拌匀调味。
9 关火后盛出煮好的面片，装在碗中即可。

肉末碎面条

材料：肉末50克、小油菜适量、胡萝卜适量、水发面条120克、葱花少许

调料：盐2克、食用油适量

做法

1 将去皮洗净的胡萝卜切片，切成细丝，再切成粒；洗好的小油菜切粗丝，再切成粒；面条切成小段，待用。

2 用油起锅，倒入备好的肉末，翻炒至其松散、变色，再下入胡萝卜粒，放入切好的小油菜，翻炒匀，注入适量清水，翻动食材，使其均匀地散开，再加入盐，拌匀调味，用大火煮片刻，待汤汁沸腾后下入切好的面条，转中火煮至食材熟透。

3 关火后盛出煮好的面条，装在碗中，撒上葱花即可。

黑豆百合豆浆

材料：鲜百合8克、水发黑豆50克

调料：冰糖适量

做法

1 将已浸泡8小时的黑豆倒入碗中，注入适量清水，用手搓洗干净，倒入滤网，沥干水分。

2 将洗好的百合、黑豆倒入豆浆机中，加入冰糖，注入适量清水，至水位线。

3 盖上豆浆机机头，选择"五谷"程序，再选择"开始"键，开始打浆。

4 待豆浆机运转15分钟，即成豆浆。

5 将豆浆机断电，取下机头。把煮好的豆浆倒入滤网中，滤取豆浆，倒入杯中即可。

山药枸杞豆浆

做法

1 洗净的山药去皮，切片，再切成小块；

2 将已浸泡8小时的黄豆倒入碗中，加入适量清水，用手搓洗干净，倒入滤网，沥干水分。

3 把洗好的黄豆倒入豆浆机中，放入备好的枸杞、山药，注入适量清水，至水位线，盖上豆浆机机头，选择"五谷"程序，再选择"开始"键，开始打浆。

4 待豆浆机运转15分钟，即成豆浆，将豆浆机断电，取下机头，把煮好的豆浆倒入滤网，滤取豆浆，倒入杯中，用汤匙撇去浮沫即可。

材料：枸杞15克、水发黄豆60克、山药45克

 # 莲子奶糊

做法

1 取豆浆机，倒入莲子、牛奶，加入白糖。

2 盖上机头，按"选择"键，选择"米糊"选项，再按"启动"键开始运转。

3 待豆浆机运转20分钟，即成米糊。

4 将豆浆机断电，取下机头。

5 将煮好的米糊倒入碗中。

6 待凉后即可食用。

材料：水发莲子10克、牛奶400毫升

调料：白糖3克

花生豆浆

做法

1 取准备好的豆浆机。
2 倒入浸泡好的花生米和黄豆。
3 注入适量清水至水位线，盖上豆浆机机头，选择"五谷"程序，再选择"开始"键，待其运转15分钟，即成豆浆。
4 断电后取下机头，倒出煮好的豆浆，装入碗中即可。

材料： 水发黄豆100克、水发花生米80克

 # 黑米核桃黄豆浆

做法

1 将黑米倒入碗中，放入已浸泡8小时的黄豆，注入适量清水，用手搓洗干净，倒入滤网沥水。
2 把洗净的食材倒入豆浆机中，放入核桃仁，注入适量清水，盖上豆浆机机头，选择"五谷"程序，再选择"开始"键，开始打浆。
3 待豆浆机运转20分钟，即成豆浆。
4 将豆浆机断电，取下机头，把煮好的豆浆倒入滤网，滤取豆浆，倒入碗中，用汤匙撇去浮沫即可。

材料： 黑米20克、水发黄豆50克、核桃仁适量

糯米豆浆

材料：水发黄豆 50 克、糯米 30 克

做法

1 将已浸泡 8 小时的黄豆、糯米倒入碗中，注入适量清水，用手搓洗干净。

2 把洗好的食材倒入滤网，沥干水分。

3 将洗净的食材倒入豆浆机中，注入适量清水，至水位线即可。

4 盖上豆浆机机头，选择"五谷"程序，再选择"开始"键，开始打浆，待豆浆机运转约 20 分钟，即成豆浆。

5 将豆浆机断电，取下机头，把煮好的豆浆倒入滤网，滤取豆浆。

6 将滤好的豆浆倒入杯中即可。

 # 虾皮紫菜豆浆

材料：水发黄豆 40 克、紫菜少许、虾皮少许

调料：盐少许

做法

1 将已浸泡 8 小时的黄豆倒入碗中，注入适量清水，用手搓洗干净，倒入滤网，沥干水分。

2 将备好的虾米、黄豆、紫菜倒入豆浆机中，注入适量清水，至水位线即可。

3 盖上豆浆机机头，选择"五谷"程序，再选择"开始"键，开始打浆，待豆浆机运转约 15 分钟，即成豆浆。

4 将豆浆机断电，取下机头，把煮好的豆浆倒入滤网，滤取豆浆。

5 将滤好的豆浆倒入杯中，加入少许盐，搅匀即可。

牛奶香蕉蒸蛋羹

🌱**材料：** 牛奶 150 毫升、香蕉 100 克、鸡蛋 80 克

🍴**做法**

1 香蕉去皮切条，再切小段待用；取一个碗，打入鸡蛋，搅散制成蛋液。
2 取榨汁机，倒入香蕉、牛奶，盖上盖，选定"榨汁"键，开始榨汁。
3 将榨好的香蕉牛奶汁倒入碗中，再倒入蛋液中，搅匀。
4 取一个蒸碗，倒入蛋液，撇去浮沫，封上保鲜膜。
5 蒸锅上火烧开，放上蛋液，盖上锅盖，中火蒸 10 分钟即可。

 桑葚芝麻糕

🌱**材料：** 面粉 250 克、黏米粉 250 克、鲜桑葚 100 克、黑芝麻 35 克、酵母 5 克、白糖 2 克

🍴**做法**

1 锅中注入适量清水烧开，倒入备好的桑葚，熬煮 10 分钟，至煮出桑葚汁，关火后捞出桑葚渣，将桑葚汁装在碗中，放凉待用。
2 取一大碗，倒入面粉、黏米粉，放入酵母，撒上白糖拌匀，注入备好的桑葚汁，混合均匀，揉搓一会儿，制成纯滑面团，用保鲜膜封住碗口，静置 1 小时，待用。
3 取发酵好的面团，揉成面饼状，放入蒸盘中，撒上黑芝麻，即成芝麻糕生坯。
4 蒸锅上火烧开，放入蒸盘，用大火蒸 15 分钟至生坯熟透。
5 关火，取出蒸熟的芝麻糕，分切成小块，装入盘中即可。

奶味软饼

🌿 **材料**：鸡蛋 1 个、牛奶 150 毫升、面粉 100 克、黄豆粉 80 克

🥄 **调料**：盐少许、食用油适量

🍴 做法

1 锅中注水烧热，倒入适量牛奶。
2 加入少许盐，倒入黄豆粉。
3 充分搅拌匀，直至成为糊状。
4 打入鸡蛋，搅散，制成鸡蛋糊。
5 关火，盛出鸡蛋糊，待用。
6 取另一个在碗，倒入面粉。
7 放入鸡蛋糊，搅拌匀，制成面糊。
8 注入适量清水，搅拌均匀，待用。
9 平底锅烧热，注入适量食用油。
10 取少许面糊，放入平底锅中，用木铲压平，煎片刻。
11 将剩余的面糊，分成数个小剂子，放入平底锅中，压平，制成饼状。
12 翻动面饼，转动平底锅，煎香。
13 将面饼翻面，煎至两面熟透。
14 关火，将煎好的软饼盛出，摆入盘中即可。

菠菜小银鱼面

🌿 **材料**：菠菜 60 克、鸡蛋 1 个、面条 100 克、水发银鱼干 20 克

🥄 **调料**：盐 2 克、鸡粉少许、食用油 4 毫升

🍴 做法

1 将鸡蛋打入碗中。
2 搅散、拌匀，制成蛋液，备用。
3 洗净的菠菜切成段。
4 把备好的面条折成小段。
5 锅中注入适量清水烧开，放入少许食用油，再加入盐、鸡粉。
6 撒上洗净的银鱼干，煮沸后倒入面条。
7 盖上盖子，用中小火煮 4 分钟，至面条熟软。
8 取下盖子，搅拌片刻，倒入切好的菠菜。
9 搅拌匀，再煮片刻至面汤沸腾。
10 倒入备好的蛋液，边倒边搅拌，使蛋液散开。
11 续煮片刻至液面浮现蛋花。
12 关火后盛出煮好的面条，装入在碗中即可。

蛋黄银丝面

材料：小白菜100克、面条75克、熟鸡蛋1个

调料：盐2克、食用油少许

做法

1 锅中注入适量清水，用大火烧开。

2 放入洗净的小白菜，煮约半分钟。

3 待小白菜八分熟时捞出，沥干水分，凉凉备用。

4 把面条切成段。

5 把放凉后的小白菜切成粒。

6 熟鸡蛋剥取蛋黄，压扁后切成细末。

7 汤锅中注入适量清水烧开。

8 下入面条，搅拌匀，使其散开。

9 用大火煮沸后放入盐，再注入适量食用油。

10 盖上盖子，用小火煮约5分钟至面条熟软。

11 取下盖子，倒入切好的小白菜，搅拌几下，使其浸入面汤中。

12 续煮片刻至全部食材熟透。

13 关火后盛出面条和小白菜，放在碗中即可。

 生菜鸡蛋面

材料：面条120克、鸡蛋1个、生菜65克、葱花少许

调料：盐2克、鸡粉2克、食用油适量

做法

1 鸡蛋打入碗中，打散，调匀，制成蛋液，备用。

2 用油起锅，倒入蛋液，炒至蛋皮状，关火后盛入碗中，待用。

3 锅中注入适量清水烧开，放入面条拌匀，加入盐、鸡粉，拌匀，盖上盖，用中火煮2分钟。

4 揭盖，加入少许食用油，放入蛋皮，拌匀，放入洗好的生菜，煮至变软。

5 关火后盛出煮好的面条，装入碗中，撒上葱花即可。

松子玉米炒饭

🌸**材料**：米饭 300 克、玉米粒 45 克、青豆 35 克、腊肉 55 克、鸡蛋 1 个、水发香菇 40 克、熟松子仁 25 克、葱花少许

🥄**调料**：食用油适量

🍴**做法**

1 将洗净的香菇切粗丝，再切丁；洗好的腊肉切片，再切条形，改切成丁。
2 锅中注入适量清水烧开，倒入洗净的青豆、玉米粒，拌匀。
3 煮 1 分 30 秒，至食材断生，捞出材料，沥干水，待用。
4 用油起锅，倒入腊肉丁，炒匀，倒入香菇丁，翻炒匀，打入鸡蛋，炒散，倒入备好的米饭，用中小火炒匀，倒入焯过水的食材；翻炒匀，撒上葱花，用大火炒出香味，倒入少许熟松子仁，炒匀。
5 关火后盛出炒好的米饭，装入盘中，撒上余下的熟松子仁即可。

 ## 四季豆瘦肉面

🌸**材料**：面条 170 克、四季豆段 45 克、瘦肉片 30 克、姜片少许、蒜末少许、葱段少许

🥄**调料**：盐 2 克、鸡粉 2 克、料酒 3 毫升、生抽 6 毫升、食用油适量

🍴**做法**

1 用油起锅，放入姜片、蒜末、葱段，爆香。
2 倒入备好的瘦肉片，炒至变色。
3 倒入洗净的四季豆段，炒匀，淋入料酒，炒匀提味。
4 注入适量清水，用大火煮沸，放入备好的面条。搅散，转中火煮 3 分钟，至食材熟透。
5 加入盐、鸡粉、生抽，拌匀，略煮片刻，至汤汁入味。
6 关火后盛出煮好的面条，装入碗中即可。

蛤蜊炒饭

🌿**材料**：蛤蜊肉 50 克、洋葱 40 克、鲜香菇 35 克、胡萝卜 50 克、彩椒 40 克、芹菜 25 克、米饭 100 克、糙米饭 100 克

🥄**调料**：盐 2 克、鸡粉 2 克、胡椒粉少许、芝麻油 2 毫升、食用油适量

🍴**做法**

1 洗净去皮的胡萝卜切片，再切条，改切成粒。
2 洗好的香菇切条，再切成粒。
3 洗净的芹菜切成粒。
4 洗好的彩椒切条，改切成粒。
5 洗净的洋葱切条，再切成粒。
6 锅中注入适量清水烧开，倒入胡萝卜、香菇，煮半分钟，至其断生。
7 捞出焯煮好的食材，沥干水分，待用。
8 用油起锅，倒入芹菜、彩椒、洋葱，炒出香味。
9 倒入米饭、糙米饭，炒松散。
10 加入蛤蜊肉，放入焯过水的胡萝卜和香菇，翻炒匀。
11 加入盐、鸡粉，炒匀调味。
12 放入少许胡椒粉、芝麻油，翻炒一会儿。
13 关火后盛出炒好的饭即可。

 蔬菜鸡肉拌面

🌿**材料**：面条 200 克、红椒 80 克、洋葱、白萝卜各 60 克、鸡胸肉 80 克、蒜末适量

🥄**调料**：盐 2 克、鸡粉 2 克、生抽 5 毫升、食用油适量

🍴**做法**

1 红椒切圈；洋葱切丝；鸡胸肉切块；白萝卜切丁。
2 锅内注入适量清水烧开，倒入面条煮至熟软，捞出煮好的面条盛入碗中待用。
3 热锅注油，倒入蒜末爆香，倒入鸡胸肉块、红椒、洋葱、白萝卜翻炒至食材熟透，加入盐、鸡粉、生抽炒匀调味。
4 关火后，将食材盛出，往面条中倒入炒好的食材拌匀即可。

土豆煎饼

🌱**材料**：土豆 300 克、面粉 100 克、鸡蛋 1 个

🥄**调料**：盐 3 克、食用油适量

做法

1 洗净去皮的土豆切片，再切成丝；鸡蛋打入碗中，打散、调匀，备用。
2 锅中注入适量清水烧开，放入盐，倒入土豆丝，略煮片刻。
3 将土豆丝捞出，沥干水分，装入碗中，倒入蛋液。放入面粉，搅拌匀，淋入芝麻油，拌匀，制成面糊。
4 取一个干净的盘子，倒入少许食用油，放入面糊做成大小一致的饼状。
5 热锅注油，烧至六成热，放入土豆饼油炸至两面金黄色，捞出沥油，盛入盘中即可。

扬州炒饭

🌱**材料**：米饭 300 克、豌豆 50 克、金华火腿 50 克、鸡蛋 1 个、去皮胡萝卜 50 克、蒜末少许

🥄**调料**：盐 3 克、鸡粉 3 克、生抽 5 毫升、食用油适量

做法

1 胡萝卜切丁；将洗净的金华火腿切成片，切成细条，再切成粒；鸡蛋打入碗中，搅散。
2 锅内注水烧开，倒入豌豆煮至断生后捞出待用。
3 热锅注油，倒入蒜末爆香，倒入米饭炒散，倒入鸡蛋炒匀，倒入金华火腿、豌豆、胡萝卜炒匀炒热。
4 加入盐、鸡粉、生抽炒匀调味。
5 关火后，将炒好的米饭盛入盘中即可。

油煎馅饼

🌱**材料：**肉末 100 克、面粉 200 克、酵母 5 克、泡打粉 5 克

🥄**调料：**盐 3 克、鸡粉 3 克、生抽 5 毫升、水淀粉适量、食用油适量

🍴**做法**

1 往肉末中加入盐、鸡粉、生抽，以及适量水淀粉拌匀，制成肉馅。
2 把面粉倒在案板上，开窝，放入酵母、泡打粉，拌匀，一边注入温水，一边刮入周边的面粉，搅拌匀，揉搓成光滑的面团，取一个干净的毛巾，覆盖在面团上，静置、发酵 10 分钟。
3 撒去毛巾，在案板上撒上适量面粉，把面团搓成长条形。再切成小段，分成数个小剂子。
4 将小剂子压成圆饼，用擀面杖擀成面皮，将适量的肉馅包在面皮里面，制成馅饼生坯。
5 烧热炒锅，倒入适量食用油，烧至六成热，放入馅饼生坯油炸至金黄色，捞出油炸好的馅饼，盛入盘中即可。

 鱼蛋汤河粉

🌱**材料：**鱼丸 5 个、河粉 300 克、葱花适量、炸腐竹 30 克

🥄**调料：**盐 3 克、鸡粉 3 克、芝麻油适量、生抽适量

🍴**做法**

1 锅内注水烧开，倒入河粉烫煮一会儿，捞出放入碗中。
2 接着将鱼丸放入沸水中煮至熟软后捞出。
3 备好一个碗，加入盐、鸡粉、生抽、芝麻油，倒入适量煮河粉的汤，再倒入河粉。
4 往河粉上放上鱼丸，炸腐竹，撒上葱花即可。

鱼肉咖喱饭

材料：熟鱼肉50克、米饭300克、蒜末适量、熟鹌鹑蛋1个

调料：盐3克、鸡粉3克、咖喱膏30克、食用油适量

做法

1 熟鱼肉切块；熟鹌鹑蛋去壳，对半切开。

2 热锅注油，倒入蒜末爆香，倒入米饭炒散，倒入咖喱膏炒匀，加入盐、鸡粉炒匀调味。

3 倒入鱼肉炒匀。

4 关火，将炒好的米饭盛入碗中即可。

鱼丸肉饺方便面

材料：肉饺2个、鱼丸2个、方便面饼1块、葱花适量、红椒20克

调料：盐3克、鸡粉3克、食用油适量、生抽适量

做法

1 红椒切丝。

2 蒸锅注水烧开，放入肉饺，盖上盖，用大火蒸4分钟至熟，取出待用。

3 锅内注水烧开，放入方便面、鱼丸，一起煮至熟软，将方便面、鱼丸取出，盛入碗中，加入适量食用油、盐、鸡粉、生抽，盛入适量煮面的汤汁，拌匀。

4 放上蒸饺、红椒丝，撒上葱花即可。

猪肉咖喱炒饭

🌱**材料：**猪瘦肉 100 克、米饭 350 克、胡萝卜 30 克

🥘**调料：**咖喱膏 40 克、盐 3 克、鸡粉 3 克、食用油适量

🍴 **做法**

1 将去皮洗净的胡萝卜切成片，切丝；洗净的瘦肉切块。

2 用油起锅，倒入瘦肉块，炒至转色，倒入切好的胡萝卜翻炒均匀。

3 放入米饭，拍松散，炒 1 分钟至米饭呈颗粒状。

4 倒入适量咖喱膏，炒匀，加鸡粉、盐，炒匀调味。

5 把炒饭盛出装盘即可。

玉米鸡蛋炒饭

🌱**材料：**玉米粒 80 克、鸡蛋 1 个、米饭 400 克

🥘**调料：**盐 3 克、鸡粉 3 克、食用油适量

🍴 **做法**

1 热锅注水，煮开后倒入玉米粒煮至断生，捞出待用。

2 鸡蛋打入碗中，打散。

3 热锅注油，倒入米饭，拍松散，炒 1 分钟至米饭呈颗粒状，倒入鸡蛋液炒匀，倒入玉米粒，加入盐、鸡粉拌匀调味。

4 关火后将炒好的米饭盛入碗中即可。

咖喱面

材料：水发香菇 40 克、方便面一块、虾仁 50 克、四季豆 50 克、白菜 50 克、蒜末适量

调料：盐、鸡粉 3 克、生抽 5 毫升、咖喱膏 30 克、食用油适量

做法

1 香菇切块；虾仁去虾线，四季豆切段；白菜切小块。

2 锅内注入适量清水烧开，倒入方便面煮至熟软后捞出待用。

3 热锅注油，倒入蒜末爆香，倒入虾仁、四季豆、香菇、白菜炒熟软，倒入方便面炒匀，倒入咖喱膏炒匀，加入盐、鸡粉、生抽炒匀调味。

4 关火后将炒好的面条盛入碗中即可。

虾仁炒面

材料：虾仁 60 克、河粉 200 克、红椒 30 克、葱花适量、蒜末适量

调料：盐 2 克、鸡粉 2 克、生抽 5 毫升、食用油适量

做法

1 虾仁去掉虾线；红椒切丝。

2 热锅注油，倒入蒜末爆香，倒入虾仁、河粉、红椒丝炒到熟软。

3 加入盐、鸡粉、生抽炒匀。

4 撒上葱花，炒匀后将食材盛入盘中即可。

香菇芹菜牛肉丸

材料：香菇 30 克、牛肉末 200 克、芹菜 20 克、蛋黄 20 克、姜末少许、葱末少许

调料：盐 3 克、鸡粉 2 克、生抽 6 毫升、水淀粉 4 毫升

做法

1 洗净的香菇切成条，再切成丁；洗好的芹菜切成碎末。

2 取一个碗，放入牛肉末、芹菜末，再倒入香菇、姜末、葱末、蛋黄，加入盐、鸡粉、生抽、水淀粉，搅匀，制成馅料，用手将馅料捏成丸子，放入盘中，备用。

3 蒸锅上火烧开，放入备好的牛肉丸，盖上锅盖，用大火蒸 30 分钟至熟。

4 关火后揭开锅盖，取出蒸好的牛肉丸即可。

洋葱烤饭

材料：水发大米 180 克、洋葱 70 克、蒜头 30 克

调料：盐少许、食用油适量

做法

1 将洗净的洋葱切开，再切小块，备好的蒜头对半切开。

2 用油起锅，倒入切好的蒜头，爆香，放入洋葱块，大火快炒至其变软，倒入洗净的大米，炒匀炒香。

3 关火，将炒好的食材装在烤盘中，加入适量清水，搅匀，使米粒散开，撒上盐，搅匀。

4 将烤盘推入预热的烤箱中，关好箱门，上、下火温度调为 180℃，选择"双管发热"功能，烤 30 分钟，至食材熟透。

5 断电后打开箱门，取出烤盘，稍微冷却后盛入碗中即可。

土豆疙瘩汤

材料：土豆 40 克、南瓜 45 克、水发粉丝 55 克、面粉 80 克、蛋黄少许、葱花少许

调料：盐 2 克、食用油适量

做法

1 将去皮洗净的土豆切成细丝。
2 去皮洗好的南瓜切成细丝。
3 洗好的粉丝切成小段。
4 把切好的粉丝装入碗中，倒入蛋黄，搅拌匀。
5 加入盐，搅散，拌匀。
6 撒上适量面粉，搅至起劲，制成面团，待用。
7 煎锅中注入少许食用油烧热，放入切好的土豆、南瓜，翻炒至食材断生。
8 盛出炒好的食材，装在盘中，待用。
9 汤锅中注入适量清水烧开。
10 把备好的面团用小汤勺分成数个剂子，下入锅中，轻轻搅动，用大火煮 2 分钟至剂子浮起。
11 将疙瘩汤盛入碗中，撒上葱花即可。

 三文鱼泥

材料：三文鱼肉 120 克

调料：盐少许

做法

1 蒸锅上火烧开，放入处理好的三文鱼肉，盖上锅盖，用中火蒸 15 分钟至熟。
2 揭开锅盖，取出三文鱼，放凉待用。
3 取一个干净的大碗，放入三文鱼肉，压成泥状，加入少许盐，拌匀至其入味。
4 另取一个干净的小碗，盛入拌好的三文鱼即可。

黑枣炖鸡

🌿**材料**：鸡腿肉 160 克、排骨 150 克、黑枣 40 克、枸杞 20 克、姜片少许、葱段少许

🥣**调料**：盐 1 克、黄酒 50 毫升

🍴**做法**

1 取一个较深的大碗，放入洗净的鸡腿肉、排骨。
2 加入盐，放入黑枣、姜片，加入葱段、枸杞，倒入黄酒，封上保鲜膜，待用。
3 电蒸锅注水烧开，放入食材，盖上盖，蒸 40 分钟至熟透入味。
4 揭开盖，取出蒸好的食材，撕开保鲜膜即可。

 香菇白萝卜汤

🌿**材料**：白萝卜块 150 克、香菇块 120 克、葱花少许

🥣**调料**：盐 2 克、鸡粉 3 克、胡椒粉 2 克

🍴**做法**

1 锅中注水烧开，放入洗净切好的白萝卜，倒入洗好切块的香菇拌匀。
2 盖上盖，用大火煮 3 分钟。
3 揭盖，加盐、鸡粉、胡椒粉调味，拌煮片刻至食材入味。
4 关火后盛出煮好的汤料，装入碗中，撒上葱花即可。

山楂木耳蒸鸡

🌿**材料**：鸡块 200 克、水发木耳 50 克、山楂 10 克、葱花 4 克

🥄**调料**：盐 2 克、白糖 2 克、生抽 3 毫升、生粉 3 克、食用油适量

🍴**做法**

1 取一碗，放入鸡块，加入生抽、盐、白糖、生粉、食用油、葱花，用筷子搅拌均匀，倒入木耳、山楂，拌匀，将拌好的食材装入盘中，腌渍 15 分钟。

2 取电饭锅，注入适量清水，放上蒸笼，放入拌好的食材，盖上盖，按"功能"键，选择"蒸煮"功能，时间为 20 分钟，开始蒸煮。

3 待时间到按"取消"键断电，开盖，取出蒸好的鸡即可。

 # 银鱼炒蛋

🌿**材料**：鸡蛋 2 个、水发银鱼 50 克、葱花少许

🥄**调料**：盐适量、白糖适量、胡椒粉适量、食用油适量

🍴**做法**

1 把鸡蛋打入碗中，加盐、白糖，搅散。

2 放入洗净的银鱼，顺时针方向拌匀。

3 热锅注入适量食用油，烧至四成热。

4 倒入蛋液，摊匀，铺开，转中小火，炒至熟。

5 放入葱花，撒上胡椒粉，拌炒匀即可。

芝麻酱拌油麦菜

🌿**材料**：油麦菜 240 克、熟芝麻 5 克、枸杞少许、蒜末少许

🥄**调料**：盐 2 克、鸡粉 2 克、食用油适量、芝麻酱适量

🍴**做法**

1 将洗净的油麦菜切成段，装入盘中，待用。

2 锅中注入适量清水烧开，加入少许食用油，放入切好的油麦菜，轻轻搅拌匀，煮 1 分钟，至其熟软后捞出，沥干水分，待用。

3 将焯煮熟的油麦菜装入碗中，撒上蒜末，倒入熟芝麻，放入芝麻酱，搅拌匀，再加入盐、鸡粉快速搅拌至食材入味。

4 取一个干净的盘子，盛入拌好的食材，撒上洗净的枸杞，摆好盘即可。

 ## 鸭肉炒菌菇

🌿**材料**：鸭肉 170 克、白玉菇 100 克、香菇 60 克、彩椒 30 克、圆椒 30 克、姜片少许、蒜片少许

🥄**调料**：盐 3 克、鸡粉 2 克、生抽 2 毫升、料酒 4 毫升、水淀粉 5 毫升、食用油适量

🍴**做法**

1 洗净的香菇去蒂，再切片；洗好的白玉菇切去根部；洗净的彩椒切粗丝；洗好的圆椒切粗丝；处理好的鸭肉切条放入碗中，加少许盐、生抽、料酒、水淀粉拌匀，倒入食用油，腌渍 10 分钟，至其入味。

2 锅中注水烧开，倒入香菇拌匀，煮约半分钟，放入白玉菇拌匀，略煮，放入彩椒、圆椒，加少许食用油，煮至断生，捞出沥水备用。

3 用油起锅，放入姜片、蒜片，爆香，倒入腌好的鸭肉炒至变色，放入焯过水的食材炒匀。

4 加入剩余的盐、鸡粉、水淀粉、料酒，炒匀，用大火翻炒至入味即可。

鸡蛋炒百合

材料：鲜百合140克、胡萝卜25克、鸡蛋2个、葱花少许

调料：盐2克、鸡粉2克、白糖3克、食用油适量

做法

1 洗净去皮的胡萝卜切厚片，再切条形，改切成片；鸡蛋打入碗中，加入盐、鸡粉，拌匀，制成蛋液，备用。

2 锅中注入适量清水烧开，倒入胡萝卜，拌匀，放入洗好的鲜百合，拌匀，加入白糖，煮至食材断生，捞出，沥干水分，待用。

3 用油起锅，倒入蛋液，炒匀，放入焯过水的材料，炒匀，撒上葱花，炒出葱香味。

4 关火后盛出炒好的菜肴即可。

 # 肉丸子青菜粉丝汤

材料：猪肉末100克、鸡蛋液20克、粉丝20克、小油菜50克、葱段12克

调料：盐2克、水淀粉5毫升、生抽6毫升

做法

1 洗净的小油菜去根部，切小段。

2 洗好的葱段切成条，改切成末。

3 粉丝装碗，加入开水，稍烫片刻。

4 猪肉末装碗，加入葱末、鸡蛋液。

5 放入1克盐。

6 将肉末拌匀，倒入水淀粉，加入3毫升生抽，拌匀，腌渍5分钟至入味。

7 将腌好的肉末挤成数个丸子，装盘待用。

8 锅中注入适量清水烧开，放入肉丸子。

9 用大火煮开后转小火，续煮5分钟至熟。

10 放入切好的小油菜，加入泡好的粉丝。

11 加入1克盐，放入3毫升生抽，搅匀调味。

12 关火后盛出装碗即可。

西红柿烩花菜

🌱**材料**：西红柿 100 克、花菜 140 克、葱段少许

🥄**调料**：盐 4 克、鸡粉 2 克、番茄酱 10 克、水淀粉 5 毫升、食用油适量

🍴**做法**

1 洗净的花菜切成小块。
2 洗好的西红柿对半切开，切成块，备用。
3 锅中注入适量清水烧开，加入少许盐、食用油，倒入切好的花菜，煮 1 分钟，至其八成熟。
4 把焯好的花菜捞出，沥干水分，备用。
5 用油起锅，倒入西红柿，翻炒片刻。
6 放入焯过水的花菜，翻炒均匀。
7 倒入适量清水，加入剩余的盐、鸡粉、番茄酱，翻炒匀，煮 1 分钟，至食材入味。
8 用大火收汁，倒入适量水淀粉勾芡。
9 放入葱段，快速翻炒均匀。
10 盛出炒好的食材，装入碗中即可。

苦瓜花甲汤

🌱**材料**：花甲 250 克、苦瓜片 300 克、姜片少许、葱段少许

🥄**调料**：盐 2 克、鸡粉 2 克、胡椒粉 2 克、食用油少许

🍴**做法**

1 锅中注入适量食用油，放入姜片、葱段，爆香，倒入洗净的花甲，翻炒均匀，加入适量清水搅拌匀，煮 2 分钟至沸腾。
2 倒入洗净切好的苦瓜，煮 3 分钟，加入鸡粉、盐、胡椒粉，拌匀调味。
3 盛出煮好的汤料，装入碗中即可。

松仁炒韭菜

🌿**材料**：韭菜 120 克、松仁 80 克、胡萝卜
45 克

🥄**调料**：盐 2 克、鸡粉 2 克、食用油适量

🍴做法

1 洗净的韭菜切段；洗净的胡萝卜去皮切片，再切成条形，改切成颗粒状小丁。
2 锅中注入清水烧开，加入少许盐，倒入胡萝卜丁，搅匀，煮至断生后捞出，沥干水分，待用。
3 炒锅中注入食用油，烧至三成热，倒入松仁略炸至熟透后捞出，沥干油，待用。
4 锅底留油烧热，倒入焯过水的胡萝卜丁，再放入切好的韭菜，加入剩余的盐、鸡粉，炒匀调味，倒入松仁，快速翻炒至食材熟透、入味。
5 关火后盛出炒好的食材，装入盘中即可。

黄花菜炖乳鸽

🌿**材料**：乳鸽肉 400 克、水发黄花菜 100 克、红枣 20 克、枸杞 10 克、花椒少许、姜片少许、葱段少许

🥄**调料**：盐 2 克、鸡粉 2 克、料酒 7 毫升

🍴做法

1 将洗净的黄花菜切除根部。
2 锅中注水烧开，放入处理干净的乳鸽肉略煮，淋入少许料酒煮半分钟，捞出余煮好的乳鸽，沥水待用。
3 砂锅中注入适量清水烧开，撒上洗净的花椒，放入姜片，再倒入洗净的红枣、枸杞，放入余过水的乳鸽，倒入切好的黄花菜拌匀，淋入剩余的料酒提味，盖上盖，煮沸后用小火炖煮约 1 小时至食材熟透。
4 揭盖，加入鸡粉、盐，搅匀提味，用大火续煮一会儿至汤汁入味，关火后取下砂锅，趁热撒上葱段即可。

黄花菜蒸草鱼

材料：草鱼肉400克、水发黄花菜200克、红枣20克、枸杞少许、姜丝少许、葱丝少许

调料：盐3克、鸡粉2克、蚝油6毫升、生粉15克、料酒7毫升、蒸鱼豉油15毫升、芝麻油适量

做法

1 洗净的红枣切开，去核，再把果肉切小块；洗净的黄花菜切去蒂。
2 洗净的草鱼肉切块，把鱼块装入碗中，撒上姜丝，放入洗净的枸杞，倒入切好的红枣、黄花菜，再淋上少许料酒，加入鸡粉、盐、蚝油，注入少许蒸鱼豉油，搅拌匀，倒入少许生粉，拌匀上浆，滴上少许芝麻油拌匀，腌渍至其入味。
3 取一个干净的蒸盘，摆上拌好的材料，码放整齐静置待用。
4 蒸锅上火烧开，放入蒸盘，盖上盖，用大火蒸10分钟至食材熟透揭开盖，取出蒸好的菜肴，撒上葱丝即可。

白萝卜牛肚煲

材料：白萝卜300克、牛肚100克、红枣10克、姜片少许、葱花少许

调料：盐2克、鸡粉2克

做法

1 将洗净去皮的白萝卜切丁；洗好的牛肚切成片。
2 将切好的牛肚和白萝卜分别装盘，待用。
3 砂锅中注水，用大火烧开，倒入牛肚，放入洗好的红枣，加入少许姜片，倒入白萝卜，用勺搅拌匀，盖上锅盖，烧开后用小火续炖20分钟至食材熟烂。
4 揭开盖，加入鸡粉、盐，搅匀调味，略煮片刻。再撒入适量葱花，关火，端下砂锅即可。

蒜香虾球

🌿**材料**：基围虾仁 180 克、西蓝花 140 克、黑蒜 2 颗

🥄**调料**：盐 3 克、鸡粉 2 克、白糖 2 克、胡椒粉 5 克、料酒 5 毫升、水淀粉 5 毫升、食用油适量

🍴**做法**

1 洗净的西蓝花切小块；黑蒜切块。

2 洗好的虾仁背部划开，取出虾线装碗，加入少许盐、料酒、胡椒粉拌匀腌渍入味。

3 沸水锅中加入盐，倒入少许食用油，放入西蓝花汆煮至断生，捞出沥水，整齐地摆在盘子四周。

4 另起锅注油，放入切碎的黑蒜，倒入腌好的虾仁，翻炒均匀至虾仁微微转色，加入少许清水，放盐、白糖、鸡粉翻炒 1 分钟至入味，用水淀粉勾芡，翻炒至收汁，盛出虾仁，放在西蓝花中间即可。

 香橙排骨

🌿**材料**：猪小排 500 克、香橙 250 克、橙汁 25 毫升

🥄**调料**：盐 2 克、鸡粉 3 克、料酒 5 毫升、生抽 5 毫升、老抽适量、水淀粉适量、食用油适量

🍴**做法**

1 洗净的香橙取一部分切片，摆放在盘子周围。将剩余的香橙切去瓤，留下香橙皮，切细丝。

2 将排骨倒入碗中，加入老抽、生抽、料酒，用筷子拌匀，倒入水淀粉腌渍 30 分钟.

3 热锅注油，烧至六成热，放入排骨炸至表面金黄，盛出沥油，装盘备用。

4 用油起锅，倒入排骨，加入料酒、生抽、橙汁，注入适量清水，放入盐、鸡粉拌匀，加盖，大火煮开后转小火焖 4 分钟至熟，倒入部分香橙丝拌匀。

5 将排骨盛出，摆入香橙盘中，撒上橙丝即可。

蜜汁烤菠萝

🍴 **做法**

1 洗净去皮的菠萝切成薄片，待用。

2 在烧烤架上刷适量食用油，将切好的菠萝片放到烧烤架上，用中火烤5分钟至上色。

3 在菠萝表面均匀地刷上适量蜂蜜，将菠萝片翻面，再刷上适量蜂蜜，用中火烤5分钟至上色。

4 将菠萝片翻面，刷上适量蜂蜜，继续烤1分钟即可。

🌿 **材料**：菠萝500克

🥄 **调料**：蜂蜜20毫升、食用油少许

 桂花蜂蜜蒸白萝卜

🍴 **做法**

1 在白萝卜片中间挖一个洞，取一盘，放好挖好的白萝卜片，加入蜂蜜、桂花，待用。

2 取电蒸锅，注入适量清水烧开，放入白萝卜，盖上盖，蒸15分钟。

3 揭盖,取出白萝卜,待凉即可食用。

🌿 **材料**：白萝卜片260克、桂花5克

🥄 **调料**：蜂蜜30毫升

五彩鸡米花

材料：鸡胸肉 85 克、圆椒 60 克、哈密瓜 50 克、胡萝卜 40 克、茄子 60 克、姜末少许、葱末少许

调料：盐 3 克、水淀粉 3 克、料酒 3 毫升、食用油适量

做法

1 洗净的圆椒去籽切成丁。
2 洗好的胡萝卜去皮切成丁。
3 洗净的哈密瓜去皮切成粒。
4 洗好的茄子切成粒。
5 洗净的鸡胸肉切成粒。
6 将鸡胸肉装入碗中，放入少许盐、水淀粉、食用油，抓匀，腌渍至入味。
7 锅中注水烧开，放入胡萝卜、茄子，煮至断生。下入圆椒、哈密瓜，拌匀，再煮半分钟。捞出装盘备用。
8 用油起锅，倒入姜末、葱末、爆香。
9 放入鸡胸肉，翻炒松散至其转色。
10 加入其他食材，炒匀，加入剩余的盐、鸡粉炒匀调味，淋入水淀粉勾芡。
11 将炒好的菜肴盛入碗中即可。

白萝卜粉丝汤

材料：白萝卜 400 克、水发粉丝 180 克、香菜 20 克、枸杞少许、葱花少许

调料：盐 3 克、鸡粉 2 克、食用油适量

做法

1 将洗净的香菜切段，再切成末；洗好的粉丝切成段；洗净去皮的白萝卜切片，再切成细丝。
2 用油起锅，倒入白萝卜丝，翻炒匀至其变软，注入适量清水，撒上洗净的枸杞拌匀，再加入盐、鸡粉调味，盖上盖，烧开后用中火续煮约 3 分钟至食材七成熟。
3 揭盖，放入切好的粉丝拌匀，转大火煮至汤汁沸腾。
4 放入切好的香菜，撒上葱花搅匀，续煮至其散出香味。
5 关火后盛出煮好的萝卜粉丝汤，装入碗中即可。

青豆烧茄子

🌱**材料**：青豆 200 克、茄子 200 克、蒜末
少许、葱段少许

🥄**调料**：盐 3 克、鸡粉 2 克、生抽 6 毫升、
水淀粉适量、食用油适量

🍴**做法**

1 洗净的茄子切厚片，再切条形，
改切成小丁块。
2 锅中注水烧开，加入少许盐、食
用油，倒入洗净的青豆，搅拌匀，
煮 1 分钟，捞出沥水待用。
3 热锅注油，烧至五成热，倒入茄
子丁，拌匀，炸半分钟，至其色泽
微黄，捞出，沥干油，待用。
4 锅底留油，放入蒜末、葱段，用
大火爆香，倒入焯过水的青豆，再
放入炸好的茄子丁，快速炒匀，加
入剩余的盐、鸡粉，炒匀调味，淋
入少许生抽，翻炒至食材熟软，再
倒入适量水淀粉，用大火翻炒至食
材熟透即可。

蜂蜜蒸老南瓜

🌱**材料**：南瓜 400 克、鲜百合 30 克、红枣
20 克、葡萄干 15 克

🥄**调料**：蜂蜜 45 毫升

🍴**做法**

1 将洗净的红枣切开，去核，再把
果肉切成小块；洗净去皮的南瓜切
条形，改切成块。
2 取一个干净的蒸盘，放上南瓜块，
摆好造型，再放入洗净的鲜百合，
撒上切好的红枣，最后点缀上洗净
的葡萄干，静置待用。
3 蒸锅上火烧开，放入蒸盘，盖上盖，
用大火蒸 10 分钟，至食材熟透。
4 揭盖，取出蒸好的食材，浇上蜂
蜜即可。

海带排骨汤

材料： 排骨 260 克、水发海带 100 克、姜片 4 克

调料： 盐 3 克、鸡粉 2 克、料酒 5 毫升

做法

1 泡好的海带切小块。
2 沸水锅中倒入洗好的排骨，汆煮一会儿至去除血水和脏污，捞出沥干水分，装碗。
3 取出电饭锅，打开盖，通电后倒入汆好的排骨，放入切好的海带，加入料酒，放入姜片，加入适量清水至没过食材，搅拌均匀。
4 盖上盖，按下"功能"键，调至"蒸煮"状态，煮 90 分钟至食材熟软。
5 按下"取消"键，打开盖，加入盐、鸡粉搅匀调味，断电后将煮好的汤装盘即可。

苦瓜煎鸡蛋

材料： 苦瓜 150 克、鸡蛋 2 个

调料： 盐少许、鸡粉少许、食粉少许、胡椒粉少许、水淀粉 3 毫升、食用油适量

做法

1 洗净的苦瓜改切成片。
2 锅中倒入清水烧开，加入少许食粉，放入苦瓜，煮 1 分钟。
3 把焯煮好的苦瓜捞出，装盘。
4 鸡蛋打入碗中，加入少许盐、鸡粉。
5 加适量水淀粉、胡椒粉，放入苦瓜，用筷子打散调匀。
6 用油起锅，倒入部分苦瓜蛋液，炒熟。
7 把炒熟的苦瓜鸡蛋盛入原蛋液中，搅拌匀。
8 把混合好的蛋液倒入锅中，小火煎 1 分 30 秒至蛋液成型。
9 将蛋饼翻面，转动炒锅，煎 1 分钟至熟。
10 把煎好的苦瓜蛋饼盛出装盘，凉凉。
11 将苦瓜蛋饼改切成扇形小块，摆入盘中即可。

虾仁炒玉米

🌾**材料**：虾仁 150 克、玉米粒 250 克、胡萝卜少许、葱花 5 克

🥄**调料**：盐 2 克、味精、料酒各适量、水淀粉适量、白糖适量、食用油适量

做法

1 虾仁洗净，从背部切开，切成丁；胡萝卜洗净去皮切丁。
2 虾肉加少许盐、白糖、味精、料酒、水淀粉拌匀腌渍。
3 用油起锅，倒入虾肉翻炒片刻，加入玉米粒、胡萝卜，拌炒 2 分钟至熟。
4 加剩余的盐、白糖调味，用水淀粉勾薄芡。
5 出锅装盘，撒入葱花即可。

黄豆芽木耳炒肉

🌾**材料**：黄豆芽 100 克、猪瘦肉 200 克、水发木耳 40 克、蒜末、葱段各少许

🥄**调料**：盐适量、鸡粉 2 克、水淀粉、蚝油各 8 毫升、料酒 10 毫升、食用油适量

做法

1 木耳切成小块；猪瘦肉切成片。
2 把肉片装入碗中，加入少许盐、鸡粉、水淀粉拌匀腌渍至入味。
3 锅中注入清水烧开，加入盐，放入木耳，淋入食用油煮半分钟，加入黄豆芽，再煮半分钟，将食材捞出，沥水备用。
4 用油起锅，倒入肉片，快速翻炒至变色，放入蒜末、葱段，翻炒出香味，倒入木耳和黄豆芽，淋入料酒，炒匀，加入盐、鸡粉、蚝油，炒匀调味，倒入水淀粉，快速翻炒均匀，关火后盛出即可。

西红柿面包鸡蛋汤

🥬**材料**：西红柿 95 克、面包片 30 克、高汤 200 毫升、鸡蛋 1 个

🍴**做法**

1 鸡蛋打入碗中，用筷子打散，调匀。
2 汤锅中注入适量清水烧开，放入西红柿，烫煮 1 分钟。
3 把焯过水的西红柿取出，放凉。
4 面包片去边，切条，再改切成粒。
5 西红柿去皮，对半切开，去蒂，切成小块。
6 将高汤倒入汤锅中烧开。
7 下入切好的西红柿，盖上锅盖，用中火煮 3 分钟至熟。
8 揭开盖子，倒入面包，搅拌匀。
9 倒入备好的蛋液，拌匀煮沸。
10 将煮好的汤盛出，装入碗中即可。

 # 西红柿紫菜蛋花汤

🥬**材料**：西红柿 100 克、鸡蛋 1 个、水发紫菜 50 克、葱花少许

🍶**调料**：盐 2 克、鸡粉 2 克、胡椒粉适量、食用油适量

🍴**做法**

1 洗好的西红柿对半切开，再切成小块。
2 鸡蛋打入碗中，用筷子打散、搅匀。
3 用油起锅，倒入西红柿，翻炒片刻。
4 加入适量清水，煮至沸腾。
5 盖上盖，用中火煮 1 分钟。
6 揭开盖，放入洗净的紫菜，搅拌均匀。
7 加入鸡粉、盐、胡椒粉，搅匀调味。
8 倒入蛋液，搅散。
9 继续搅动至浮起蛋花。
10 盛出煮好的蛋汤，装入碗中，撒上葱花即可。

橘子豌豆炒玉米

🌿**材料：**玉米粒 70 克、豌豆 95 克、橘子肉 120 克、葱段少许

🥄**调料：**盐 1 克、鸡粉 1 克、水淀粉适量、食用油适量

🍴**做法**

1 锅中注入适量清水烧开，加入少许盐、食用油。

2 倒入洗净的玉米粒，拌匀，煮 1 分钟至其断生。

3 放入洗好的豌豆，拌匀，煮半分钟。

4 倒入橘子肉，拌匀，煮半分钟。

5 捞出焯煮好的食材，沥干水分，待用。

6 锅中倒入适量食用油烧热，放入葱段，爆香。

7 放入焯过水的食材，翻炒匀。

8 加入剩余的盐、鸡粉，翻炒均匀，至食材入味。

9 倒入少许水淀粉，翻炒均匀。

10 关火后盛出炒好的食材，装入盘中即可。

肉末木耳

🌿**材料：**肉末 70 克、水发木耳 35 克、胡萝卜 40 克、高汤适量

🥄**调料：**盐少许、生抽适量、食用油适量

🍴**做法**

1 洗净的胡萝卜去皮切片，再切成丝，改切成粒，水发好的木耳切丝，改切成粒。

2 用油起锅，倒入肉末，搅松散，炒至转色，淋入适量生抽，拌炒香，倒入胡萝卜，炒匀。

3 放入木耳，炒香，倒入适量高汤，拌炒匀，再加入少许盐，将锅中食材炒匀调味。

4 把炒好的材料盛出，装入碗中即可。

牛奶蒸鸡蛋

🌱**材料**：鸡蛋 2 个、牛奶 250 毫升、提子适量、哈密瓜适量

🥄**调料**：白糖少许

🍴**做法**

1 把鸡蛋打入碗中，打散调匀；将洗净的提子对半切开；用挖勺将哈密瓜挖成小球状。

2 把白糖倒入牛奶中，搅匀，将搅匀的牛奶加入蛋液中，搅拌均匀。

3 取出电饭锅，倒入适量清水，放上蒸笼，放入调好的牛奶蛋液，盖上盖子，按下"功能"键，选定"蒸煮"功能，时间为 20 分钟，开始蒸煮。

4 按"取消"键断电，打开盖子，把蒸好的牛奶鸡蛋取出，放上提子和挖好的哈密瓜球即可。

 ## 花菜炒虾仁

🌱**材料**：虾仁 100 克、花菜 200 克、蛋清适量、青椒片少许、红椒片少许、生姜片少许、葱段少许

🥄**调料**：盐适量、味精适量、水淀粉适量、白糖适量、食用油适量

🍴**做法**

1 洗好的虾仁从背部切开，去除虾线。

2 洗净的花菜切成瓣。

3 虾仁装入碗中，加盐、味精、蛋清抓匀。

4 倒入水淀粉抓匀，再倒入食用油腌渍片刻。

5 花菜倒入沸水锅中，加盐、食用油拌匀，焯熟后捞出。

6 油锅烧热后倒入虾仁，滑油至熟捞出。

7 锅底留油，倒入青椒片、红椒片、生姜片、葱段，放入花菜、虾仁翻炒，加盐、味精、白糖调味，倒入少许水淀粉勾芡，翻炒均匀。

8 出锅装盘即可。

风肉烩甜豌豆

🌱**材料：**豌豆80克、红椒80克、火腿肠90克、风肉100克、蒜末适量

🥄**调料：**盐3克、鸡粉3克、生抽5毫升、食用油适量

🍴**做法**

1 风肉切丁；火腿肠切丁；红椒切小丁。

2 锅内注水烧开，倒入豌豆、红椒煮至断生，捞出待用。

3 热锅注油，倒入蒜末爆香，倒入风肉丁、豌豆、红椒、火腿肠炒匀。

4 加入盐、鸡粉、生抽拌匀调味。

5 关火后将食材盛入碗中即可。

 肉丝蔬菜拌饭

🌱**材料：**玉米粒40克、青椒40克、猪肉150克、圣女果70克、蒜末适量、米饭适量

🥄**调料：**盐2克、鸡粉2克、食用油适量、生抽适量

🍴**做法**

1 青椒切圈；猪肉切丝；圣女果对半切开。

2 热锅注油，用蒜末爆香，倒入猪肉丝炒至熟软，倒入青椒，加入盐、鸡粉、生抽炒匀调味。

3 将炒好的肉丝盛入碗中待用。

4 锅内注水烧开，倒入玉米煮至断生后捞出待用。

5 往备好的碗中倒入米饭以及肉丝，拌匀，摆放上圣女果、玉米粒即可。

玉米拌青豆

🍴 **做法**

1 红椒切丝，改切成丁。
2 锅中注入适量清水，倒入青豆、玉米粒、红椒煮至断生后捞出。
3 取一小碟，加入橄榄油、盐、醋和白糖，拌匀，调成料汁。
4 将酱汁浇在食材上，拌匀即可。

🌿 **材料**：玉米粒 100 克、青豆 100 克、红椒 20 克

🥄 **调料**：橄榄油适量、盐 3 克、醋 5 毫升、白糖 3 克

茶树菇炒虾仁

🍴 **做法**

1 虾仁去虾线；茶树菇切去根部；干辣椒切开；香菜根洗净切段。
2 热锅注油，倒入干辣椒爆香。
3 倒入虾仁炒至转色，倒入茶树菇炒匀，倒入香菜根炒匀，加入盐、鸡粉、生抽炒匀调味。
4 关火后，将炒好的食材盛入盘中即可。

🌿 **材料**：虾仁 70 克、水发茶树菇 80 克、干辣椒 20 克、香菜根适量

🥄 **调料**：盐 3 克、鸡粉 3 克、生抽 5 毫升、食用油适量

四季豆烧排骨

🌿**材料**：四季豆 200 克、排骨 300 克、姜片少许、蒜片少许、葱段少许

🍶**调料**：盐 1 克、鸡粉 1 克、生抽 5 毫升、料酒 5 毫升、水淀粉适量、食用油适量

🍴 **做法**

1 洗净的四季豆切段。

2 沸水锅中倒入洗好的排骨，氽去血水及脏污，捞出沥水，装盘待用。

3 热锅注油，倒入姜片、蒜片、葱段，爆香，倒入氽好的排骨，稍炒均匀，加入生抽、料酒，将食材翻炒均匀，注入适量清水，拌匀，倒入切好的四季豆炒匀，加盖，用中火焖 15 分钟至食材熟软入味。

4 揭盖，加入盐、鸡粉，炒匀，用水淀粉勾芡，将食材炒至收汁。

5 关火后盛出菜肴，装盘即可。

 # 海带牛肉汤

🌿**材料**：牛肉 150 克、水发海带丝 100 克、姜片少许、葱段少许

🍶**调料**：盐 2 克、鸡粉 2 克、胡椒粉 1 克、生抽 4 毫升、料酒 6 毫升

🍴 **做法**

1 将牛肉切条形，再切丁，备用。

2 锅中注入清水烧开，倒入牛肉丁，淋入料酒，拌匀，氽去血水，捞出，沥水待用。

3 高压锅中注入清水烧热，倒入牛肉丁，撒上姜片、葱段，淋入料酒，盖好盖，拧紧，用中火煮 30 分钟至食材熟透。

4 拧开盖子，倒入海带丝，转大火略煮一会儿，加入盐、生抽、鸡粉，撒上胡椒粉，拌匀调味。

5 关火后盛出煮好的汤料，装入碗中即可。

香菇扒生菜

🌿**材料**：生菜400克、香菇70克、彩椒50克

🥄**调料**：盐3克、鸡粉2克、蚝油6毫升、老抽2毫升、生抽4毫升、水淀粉适量、食用油适量

🍴做法

1 将洗净的生菜切开，香菇切成小块，彩椒切粗丝。
2 锅中注入适量清水烧开，加入少许食用油。
3 放入生菜，煮至其熟软。
4 捞出生菜，沥干水分，待用。
5 沸水锅中倒入香菇，煮至六成熟。
6 捞出香菇，沥干水分，待用。
7 用油起锅，倒入少许清水，放入焯好的香菇。
8 加入盐、鸡粉、蚝油，淋入适量生抽，炒匀。
9 略煮一会儿，待汤汁沸腾，加入少许老抽，炒匀上色。
10 倒入适量水淀粉，快速翻炒收浓汁关火待用。
11 取一个干净的盘子，放入焯好的生菜，盛出锅中的食材，撒上彩椒丝，摆好盘即可。

粉蒸茄子

🌿**材料**：茄子350克、五花肉200克、蒜末少许、葱花少许、蒸肉粉40克

🥄**调料**：盐2克、鸡粉2克、料酒4毫升、生抽6毫升、芝麻油4毫升、食用油适量

🍴做法

1 洗净的茄子去皮切条。
2 洗好的五花肉切薄片，装入碗中，加料酒、盐、鸡粉、生抽，撒上蒜末、蒸肉粉拌匀，淋入芝麻油拌匀，腌渍10分钟至其入味，制成肉酱备用。
3 取一蒸盘，摆上茄条，放入酱料。
4 蒸锅上火烧开，放入蒸盘，盖上盖，用大火蒸10分钟至其熟透。
5 揭盖，取出蒸盘，撒上葱花，浇上少许热油即可。

马齿苋薏米绿豆汤

材料：马齿苋 40 克、水发绿豆 75 克、水发薏米 50 克

调料：冰糖 35 克

做法

1 将洗净的马齿苋切段，备用。
2 砂锅中注入适量清水烧热，倒入备好的薏米、绿豆拌匀，盖上盖，烧开后用小火煮 30 分钟。
3 揭盖，倒入马齿苋，拌匀，盖上盖，用中火煮 5 分钟。
4 揭盖，倒入冰糖，拌匀，煮至溶化。
5 关火后盛出煮好的汤料即可。

 芦笋煨冬瓜

材料：冬瓜 230 克、芦笋 130 克、蒜末少许

调料：盐 1 克、鸡粉 1 克、水淀粉适量、芝麻油适量、食用油适量

做法

1 洗净的芦笋用斜刀切段。
2 洗好去皮的冬瓜切开，去瓤，切片，改切成小块。
3 锅中注入适量清水烧开，倒入冬瓜块。
4 加入少许食用油，拌匀，煮半分钟。
5 倒入芦笋段，拌匀，煮半分钟，至食材断生，捞出焯煮好的材料，沥干水分，待用。
6 用油起锅，放入蒜末，爆香。
7 倒入焯过水的材料，炒匀。
8 加入盐、鸡粉，倒入少许清水，炒匀，用大火煨煮半分钟，至食材熟软。
9 倒入适量水淀粉勾芡。
10 淋入适量芝麻油，拌炒至食材入味，关火后盛出锅中的食材即可。

酱爆大葱羊肉

材料： 羊肉片 130 克、大葱段 70 克

调料： 盐 1 克、鸡粉 1 克、胡椒粉 1 克、黄豆酱 30 克、生抽 5 毫升、料酒 5 毫升、水淀粉 5 毫升、食用油适量

做法

1 羊肉片装碗，加入盐、料酒、胡椒粉、水淀粉和少许食用油，搅拌均匀，腌渍 10 分钟至入味。

2 热锅注油，倒入腌好的羊肉，炒 1 分钟至转色，倒入黄豆酱，放入大葱段，翻炒出香味，加入鸡粉、生抽，大火翻炒 1 分钟至入味。

3 关火后盛出菜肴，装盘即可。

彩椒木耳炒鸡肉

材料： 彩椒 70 克、鸡胸肉 200 克、水发木耳 40 克、蒜末少许、葱段少许

调料： 盐 3 克、鸡粉 3 克、水淀粉 8 毫升、料酒 10 毫升、蚝油 4 毫升、食用油适量

做法

1 木耳切成小块，彩椒切条，改切成小块，鸡胸肉切片，装入碗中，加入少许盐、鸡粉，淋入水淀粉拌匀，倒入食用油，腌渍 10 分钟至其入味。

2 锅中注入清水烧开，加入少许盐、食用油，倒入木耳搅散，煮至沸，放入彩椒块，搅拌匀，煮至断生，捞出木耳和彩椒，沥水待用。

3 用油起锅，放入蒜末、葱段，爆香，倒入鸡肉片炒至变色，淋入料酒，炒匀提味，倒入木耳和彩椒翻炒匀，加入剩余的盐、鸡粉、蚝油，炒匀调味，淋入水淀粉快速翻炒，关火后将食材盛出即可。

鲜蔬牛肉饭

🌾**材料**：米饭 150 克、牛肉 70 克、胡萝卜 35 克、西蓝花 30 克、洋葱 30 克、小油菜 40 克

🥄**调料**：盐 3 克、鸡粉 2 克、生抽 5 毫升、水淀粉适量、食用油适量

🍴做法

1 将小油菜切成段，胡萝卜去皮，切成薄片，洋葱切成条，改切成小块，西蓝花切小朵。牛肉切成片。
2 牛肉片放入碗中，放入生抽、鸡粉，淋入少许水淀粉，拌匀上浆。
3 注入少许食用油，腌渍至入味。
4 锅中注入水烧开，倒入胡萝卜、西蓝花。加入少许盐，拌匀，煮半分钟。下入小油菜，拌匀、搅散，续煮半分钟。
5 捞出焯煮好的食材，沥干水分，放在盘中，待用。
6 用油起锅，倒入腌渍好的牛肉片，翻炒松散，炒至熟透。
7 倒入洋葱，翻炒匀，倒入焯过水的食材，炒到熟。
8 倒入米饭，炒散，加入剩余的盐、鸡粉，炒匀调味即可。

 ## 茶树菇腐竹炖鸡肉

🌾**材料**：鸡肉 400 克、茶树菇 100 克、腐竹 60 克、姜片少许、蒜末少许、葱段少许

🥄**调料**：豆瓣酱 6 克、盐 3 克、鸡粉 2 克、料酒 5 毫升、生抽 5 毫升、水淀粉适量、食用油适量

🍴做法

1 鸡肉斩成小块；茶树菇切成段，锅中注水烧热，倒入鸡块搅匀，撇去浮沫捞出沥水。
2 热锅注油，烧至四成热，倒入腐竹，炸半分钟至其呈虎皮状，捞出沥油，再浸在清水中泡软，待用。
3 用油起锅，放入姜片、蒜末、葱段，用大火爆香，倒入鸡块翻炒至断生，淋入料酒，炒香、炒透，放入生抽、豆瓣酱，翻炒匀，加入盐、鸡粉炒匀调味，注入清水，倒入腐竹，翻炒匀，盖上盖，煮沸后用小火煮 8 分钟至全部食材熟透，取下盖，倒入茶树菇翻炒匀，续煮 1 分钟至其熟软，转大火收汁，倒入水淀粉勾芡，关火后盛出即可。

西红柿干烧虾仁

🌿**材料**：虾仁 200 克、西红柿 1 个、生姜 2 片、大蒜 1 瓣、葱花少许

🥄**调料**：蜂蜜 3 毫升、梅子醋 3 毫升、椰子油 10 毫升、辣椒酱汁 10 毫升、盐 2 克、生粉 10 克、生抽 3 毫升

🍴**做法**

1 西红柿切丁；生姜切末；大蒜切末，待用。

2 虾仁中倒入生粉，搅拌均匀，待用。

3 锅置火上，倒入椰子油烧热，倒入裹上生粉的虾仁，煎炒 2 分钟至虾仁转色卷曲，装盘，待用。

4 锅中倒入蒜末、姜末，炒出香味，倒入辣椒酱汁炒匀，加入梅子醋、生抽、蜂蜜，稍拌至酱汁香浓，倒入虾仁炒匀，注入清水搅匀，加入盐炒匀调味，倒入西红柿炒 1 分钟至汁水略微收干，加葱花翻炒匀，盛出即可。

玉米笋炒荷兰豆

🌿**材料**：玉米笋 80 克、荷兰豆 80 克、去皮胡萝卜 60 克、蒜末适量

🥄**调料**：盐 2 克、鸡粉 2 克、食用油适量

🍴**做法**

1 洗净的玉米笋对半切开；胡萝卜切片。

2 热锅注油，倒入蒜末爆香。

3 倒入玉米笋、荷兰豆炒至断生，倒入胡萝卜片，加入盐、鸡粉拌匀，翻炒至食材熟透。

4 关火后将炒好的食材盛入碗中即可。

炸土豆

做法

1 热锅注油，烧至七成热。
2 倒入小土豆，油炸至熟。
3 关火，将油炸好的小土豆盛入碗中即可。

材料：小土豆 400 克

调料：食用油适量

 豉椒风味肘子

做法

1 锅中注入适量清水用大火烧开，放入猪肘，汆煮片刻去除血水杂质，捞出，沥干水分待用。
2 热锅注油烧热，倒入冰糖，炒至冰糖溶化变色，注入适量的清水，倒入所有的香料、姜片、香葱，加入适量盐、老抽、生抽、料酒、胡椒粉，搅匀调味。
3 取一个砂锅，放入猪肘，浇上调好的酱汁，注入适量的清水，搅拌片刻，盖上锅盖，大火烧开后转小火煮 2 小时至猪肘酥软。
4 掀开锅盖，将猪肘取出装入盘中。

材料：猪肘 500 克、香料适量、姜片、香葱各适量

调料：冰糖 5 克、盐 3 克、生抽、老抽各 5 毫升、料酒 5 毫升、胡椒粉 3 克、食用油适量

香锅仔排

🥬**材料：**猪肉 100 克、青椒 40 克、朝天椒 20 克、葱花适量、蒜末适量

🥄**调料：**盐 3 克、鸡粉 3 克、生抽 5 毫升、食用油适量

🍴**做法**

1 猪肉切丁; 青椒切圈; 朝天椒切圈。

2 热锅注油烧至七成热，倒入猪肉丁油炸至金黄色后捞出，待用。

3 锅底留油，倒入蒜末、朝天椒爆香。

4 倒入青椒、猪肉丁炒匀，加入盐、鸡粉、生抽炒匀调味。

5 关火后将炒好的食材盛入碗中，撒上葱花即可。

盐烤三文鱼头

🥬**材料：**三文鱼 160 克

🥄**调料：**黑椒碎 20 克、盐 3 克、柠檬汁 10 毫升、橄榄油适量

🍴**做法**

1 取厨房纸巾将处理干净的三文鱼控干水分。

2 撒上盐、黑椒碎抹匀，挤入柠檬汁腌 10 分钟。

3 平底锅烧热，倒入橄榄油，轻轻放入三文鱼。

4 转中火煎 1 分钟，轻轻翻面，再煎 1 分钟即可。

5 将煎好的三文鱼盛入盘中即可。

芝麻鸡肉饭

🌿材料：鸡肉块 200 克、白芝麻 30 克、米饭 400 克、蒜末适量

🥄调料：料酒 5 毫升、盐 3 克、鸡粉 3 克、生抽 5 毫升、生粉适量、食用油适量

🍴做法
1 鸡肉块中加料酒、盐、鸡粉、生抽抓匀，再撒上适量生粉抓匀，腌渍 10 分钟至入味。
2 锅中注油烧热，倒入鸡块，用锅铲搅散，炸 1 分钟至熟透。
3 锅底留少许油，倒入蒜末爆香，倒入鸡块炒匀，转小火，淋入料酒、老抽，撒上白芝麻，炒匀。
4 盛出炒好的鸡肉块，盖在备好的米饭上即可。

盐烤秋刀鱼

🌿材料：秋刀鱼 1 条、柠檬半个
🥄调料：盐 3 克、胡椒粉 3 克、食用油适量

🍴做法
1 将处理干净的秋刀鱼两面划上十字花刀。
2 在秋刀鱼上撒盐，抹匀，腌渍片刻，再撒上胡椒粉，腌渍 10 分钟。
3 将腌渍好的秋刀鱼放在烤架上，用刷子刷少量的食用油，烤 5 分钟至金黄色。
4 将秋刀鱼翻转过来，再烤 5 分钟至金黄色。
5 将烤好的秋刀鱼装入盘中，均匀的挤上柠檬汁即可。

高压风味米椒鸡

🌿**材料：**鸡肉 200 克、朝天椒 20 克、红椒 60 克、葱段、蒜末各适量

🍶**调料：**盐 3 克、鸡粉 3 克、生抽 10 毫升、食用油适量

🍴**做法**

1 鸡肉切块；朝天椒切段；红椒切块。
2 往鸡肉中加入盐、鸡粉、生抽拌匀，腌渍入味。
3 热锅注油，倒入蒜末、朝天椒、葱段爆香，倒入鸡肉拌匀。
4 加入红椒炒匀。
5 关火后将炒好的食材盛入碗中即可。

肝腰合炒

🌿**材料：**猪腰 80 克、猪肝 80 克、葱段适量、蒜末适量

🍶**调料：**盐 3 克、鸡粉 3 克、生抽 5 毫升、食用油适量

🍴**做法**

1 猪腰处理干净，切上花刀；猪肝处理干净切片。
2 热锅注油，倒入葱段、蒜末爆香，倒入猪腰、猪肝炒至熟软。
3 加入盐、鸡粉、生抽炒匀调味。
4 关火后将炒好的食材盛入碗中即可。

大喜脆炸粉蒸肉

材料：猪肉 300 克、粉蒸肉粉 100 克、熟红腰豆 50 克、青椒 20 克、红彩椒 20 克、酸菜 20 克、蒜末适量

调料：盐、鸡粉各 2 克、食用油适量

做法

1 青椒、红彩椒切成丁；猪肉切成大块。

2 往猪肉中倒入粉蒸肉粉，混匀待用。

3 热锅注油，烧至六七成，倒入猪肉块，油炸至两面微黄色后捞出待用。

4 锅内留油，倒入蒜末爆香，倒入青椒、红彩椒、熟红腰豆、酸菜翻炒，加入盐、鸡粉，炒匀调味。

5 将炒好的食材盛出，盖在粉蒸肉上即可。

豆豉蒸排骨

材料：排骨 300 克、葱花适量

调料：豆豉酱 10 克、白糖 2 克、盐 3 克、生抽 5 毫升、蚝油 5 毫升、生粉适量

做法

1 取一大碗，放入洗净的排骨，加入豆豉酱、白糖、盐、生抽、蚝油、生粉，拌匀，将食材倒入碗中，盖上保鲜膜，待用。

2 电蒸锅注水烧开，放入食材，盖上盖，蒸 20 分钟。

3 揭盖，取出食材，揭开保鲜膜，撒上葱花即可。

粉蒸肥肠

做法

1 肥肠切小段，装入碗中，倒入粉蒸肉粉，混匀。
2 蒸锅注水，放入肥肠，加盖，大火煮开后调成中火蒸50分钟。
3 揭盖,将肥肠取出,撒上葱花即可。

材料：肥肠300克、粉蒸肉粉100克、葱花适量

馋嘴牛蛙

做法

1 将洗净的红椒切圈，装碟备用。
2 宰杀处理干净的牛蛙斩去蹼趾和头，切成块，装入碗中，加料酒、盐、鸡粉，抓匀，再加少许生粉，抓匀，腌渍10分钟。
3 锅中注水烧开，倒入牛蛙，汆至转色，捞出备用。
4 用油起锅，倒入姜片、蒜末、葱白、花椒、干辣椒爆香，倒入牛蛙，拌炒匀，淋入料酒，加入豆瓣酱，拌炒香，倒入清水，煮沸，加入辣椒油、剁椒、盐、鸡粉、花椒油，煮1分钟至入味，加少许水淀粉拌匀，将食材盛入碗中即可。

材料：牛蛙100克，红椒10克，剁椒、姜片、蒜末、葱白、花椒、干辣椒各适量

调料：生粉适量，料酒10毫升，盐3克，豆瓣酱5克，辣椒油、花椒油5毫升，鸡粉3克，水淀粉适量，食用油适量

茶香鸭

🌿**材料：**鸭子半只，香菜段、姜片、葱段、茶叶各适量

🥄**调料：**盐 3 克，白糖 3 克，老抽 5 毫升，料酒 10 毫升，食用油适量

🍴**做法**

1 洗净的鸭子剁成块，放入盘中，放入部分香菜段、姜片、葱段、茶叶。
2 放入盐、白糖，淋入老抽、料酒，抓匀，腌渍 20 分钟至入味。
3 锅中注油，烧至五成热，倒入腌好的鸭肉，炸至上色，捞出沥油备用。
4 将鸭肉切成块摆放在盘中，摆放上剩下的香菜段即可。

菠萝咕咾肉

🌿**材料：**菠萝肉 80 克、里脊肉 100 克

🥄**调料：**白糖 3 克、盐 3 克、蕃茄酱 10 克、鸡粉 3 克、食用油适量、生抽适量

🍴**做法**

1 菠萝肉切条；里脊肉切块。
2 将里脊肉放入碗中，加入少许盐、鸡粉、生抽，抓匀，腌渍片刻。
3 热锅注油烧至七成热，腌好的里脊肉入锅炸至金黄色后捞出待用。
4 锅底留油，倒入里脊肉、菠萝肉炒匀，加入番茄酱，倒入白糖、盐、鸡粉炒匀调味。
5 关火后将炒好的食材盛入盘中即可。

葱拌土鸡

做法

1 锅中加入 1000 毫升清水烧开，放入鸡胸肉，加适量料酒后加盖烧开。

2 鸡胸肉煮 10 分钟至熟后捞出，放入碗中凉凉，拍松散，撕成条。

3 备好一个碗，倒入鸡胸肉，加盐、鸡粉、芝麻酱，搅拌至入味。

4 将拌好的鸡丝盛入碗中，撒上熟白芝麻、葱段，淋入适量芝麻油，拌匀，盛入备好的碗中即可。

材料：鸡胸肉 100 克、熟白芝麻适量、葱段适量

调料：盐 3 克、鸡粉 3 克、芝麻酱 5 克、芝麻油适量、料酒适量

虫草花老鸭汤

做法

1 鸭肉斩成小块，备用。

2 锅中注入清水烧热，放入鸭块，搅匀，加入少许料酒，煮至沸，氽去血水，捞出，待用。

3 砂锅中注入清水烧开，倒入氽过水的鸭块，加入虫草花，搅拌均匀，再放入料酒，盖上盖，烧开后用小火炖 1 小时，至食材熟透。

4 揭盖，放入盐、鸡粉，撇去汤中浮沫，搅拌匀，煮至入味即可。

材料：鸭肉 100 克、虫草花 80 克

调料：盐 3 克、鸡粉 3 克、料酒 10 毫升

风味酱香鸭

🌿**材料**：鸭子 1 只、姜丝适量、干辣椒适量、朝天椒适量

🍽**调料**：柱侯酱 5 克、沙茶酱 5 克、料酒 5 毫升、食用油适量

🍴**做法**

1 鸭子处理干净，切块；干辣椒、朝天椒切段。

2 取一碗，倒入切好的鸭肉，放入干辣椒段、朝天椒段，倒入柱侯酱、沙茶酱、料酒，将材料拌匀，腌渍 20 分钟至入味。

3 起锅注油，倒入腌好的鸭肉，稍微煎片刻至香味析出，放入姜丝，翻炒均匀，注入少许清水，拌匀，加盖，用中火焖 20 分钟至熟软。

4 揭盖，将食材盛出，摆好盘即可。

脆皮乳鸽

🌿**材料**：乳鸽 300 克、葱结适量、生姜片适量、香料适量

🍽**调料**：盐 3 克、鸡粉 3 克、红醋 5 毫升、生粉适量、料酒 5 毫升、食用油适量

🍴**做法**

1 锅中加适量清水，放入香料，加盖，开大火焖煮 20 分钟，加入葱结、生姜片、盐、鸡粉、料酒煮沸，制成白卤水。

2 将乳鸽放入卤水锅中，加盖浸煮 15 分钟至熟且入味，捞出。

3 另起锅，倒入适量红醋，加适量生粉调成糊，乳鸽放入锅中，用生粉糊浇透，再用竹签穿挂好，风干。

4 热锅注油，烧至六成热时，放入乳鸽，用锅勺持续淋油 1 分钟至鸽肉呈棕红色，表皮酥脆即可捞出装盘。

粉丝糯香掌

🍴做法

1 将洗净的粉丝切段。
2 用油起锅，倒入肉末炒至出油，倒入红椒末、姜末、葱白炒香，加料酒、生抽炒匀，加盐、鸡粉、白糖和少许食用油炒匀。
3 煲仔置于火上烧热，淋入少许食用油，放上熟鸭掌，盛入粉丝，烧开。
4 关火，撒上葱花即可。

🌿材料： 熟鸭掌 80 克、水发粉丝 100 克、肉末 70 克、红椒末、葱花各适量、姜末、葱白各适量

◎调料： 盐、鸡粉、白糖各 3 克、食用油适量、料酒适量、生抽适量

 鹅肝鱼籽蒸蛋

🍴做法

1 熟鹅肝切碎；鸡蛋打入碗中，注入适量清水，加入盐、鸡粉，打散。
2 蒸锅注水烧开，放入鸡蛋液蒸煮 10 分钟。
3 揭盖，放入鱼籽、鹅肝蒸 5 分钟。
4 关火，将食材取出即可。

🌿材料： 熟鹅肝 30 克、鸡蛋 2 个、鱼籽 30 克
◎调料： 盐 3 克、鸡粉 3 克

粉蒸鸭肉

🍴 **做法**

1 取一个蒸碗,放入鸭肉块,加入盐、五香粉。
2 加入少许料酒、甜面酱,倒入香菇、葱花、姜末,搅拌匀。
3 倒入蒸肉米粉,搅拌匀。
4 取一个碗,放入鸭肉,待用。
5 蒸锅上火烧开,放入鸭肉,盖上锅盖,大火蒸 30 分钟至熟透。
6 掀开锅盖,将鸭肉取出,倒扣在盘中即可。

🌾 **材料:** 鸭肉块 350 克、蒸肉米粉 50 克、水发香菇 110 克、葱花少许、姜末少许

🥄 **调料:** 盐 1 克、甜面酱 30 克、五香粉 5 克、料酒 5 毫升

红烧牛肚

🍴 **做法**

1 蒜苗切成段;彩椒切条形,用斜刀切菱形块;牛肚切块,用斜刀切薄片。
2 锅中注水烧开,倒入牛肚拌匀,汆去异味,捞出沥水备用。
3 用油起锅,倒入姜片、蒜末、葱段爆香,倒入牛肚炒匀,加入料酒炒匀提味,放入彩椒、蒜苗梗炒匀,加入生抽、豆瓣酱,炒香炒透,注水拌匀。
4 放入盐、鸡粉、蚝油炒匀,淋入老抽炒匀调味,用小火略煮至食材入味,放入蒜苗叶炒至变软,倒入水淀粉,翻炒均匀至食材熟透,关火后盛出即可。

🌾 **材料:** 牛肚 270 克、蒜苗 120 克、彩椒 40 克、姜片、蒜末各少许、葱段少许

🥄 **调料:** 盐 2 克、鸡粉 2 克、蚝油 7 克、豆瓣酱 10 克、生抽 5 毫升、料酒 5 毫升、老抽 6 毫升、水淀粉适量、食用油适量

虾酱蒸鸡翅

🌿**材料：** 鸡翅 120 克、姜末少许、葱花少许

📷**调料：** 盐少许、老抽少许、 生抽 3 毫升、
虾酱适量、生粉适量

🍴**做法**

1 在鸡翅上打上花刀，放入碗中，
淋入少许生抽、老抽，撒上姜末，
倒入虾酱，加入盐，再撒上生粉，
拌匀，腌渍 15 分钟至入味。
2 取一个盘子，摆放上鸡翅，待用。
3 蒸锅上火烧开，放入装有鸡翅的
盘子，盖上锅盖，用中火蒸 10 分
钟至食材熟透。
4 揭开盖子，取出蒸好的鸡翅，撒
上葱花即可。

 # 肉酱花菜泥

🌿**材料：** 土豆 120 克、花菜 70 克、肉末 40
克、鸡蛋 1 个

📷**调料：** 盐少许、料酒 2 毫升、食用油适量

🍴**做法**

1 将去皮洗好的土豆切厚块，改切
成条；洗净的花菜切成小块，再切
碎；鸡蛋打入碗中，取蛋黄，备用。
2 用油起锅，倒入肉末，翻炒至转色，
淋入适量料酒，炒香，倒入蛋黄，
快速拌炒至熟，盛出备用。
3 蒸锅置旺火上，用大火烧开，放
入土豆、花菜，盖上盖，用中火蒸
15 分钟至食材完全熟透，把蒸熟的
土豆和花菜取出，将土豆倒入大碗
中，用勺子压成泥，加入熟花菜末，
放入少许盐，再加入蛋黄肉末，快
速搅拌均匀至入味，最后将制作好
的肉酱花菜泥舀入另一个碗中即可。

秋葵炒蛋

🍴**做法**
1 将秋葵对半切开，切成块。
2 鸡蛋打入碗中，打散调匀，放入少许盐、鸡粉，倒入适量水淀粉，搅拌匀。
3 用油起锅，倒入秋葵，炒匀，撒入少许葱花，炒香，倒入鸡蛋液，翻炒至熟。
4 将秋葵鸡蛋盛出，装盘即可。

🌿**材料**：秋葵180克、鸡蛋2个、葱花少许

🥄**调料**：盐少许、鸡粉2克、水淀粉适量、食用油适量

松仁鸡蛋炒茼蒿

🍴**做法**
1 将鸡蛋打入碗中，加入少许盐、鸡粉，放入葱花，打散、调匀，备用；将洗净的茼蒿切碎，备用。
2 热锅注油，烧至三成热，倒入松仁，炸出香味，捞出沥干油，待用。
3 锅底留油，倒入蛋液，炒熟，盛出待用。
4 锅中加入少许食用油烧热，倒入茼蒿，炒至熟软，加入剩余的盐、鸡粉，炒匀调味，倒入鸡蛋，翻炒匀，放入洗净的枸杞，炒匀。
5 淋入水淀粉，快速翻炒均匀。
6 关火后将锅中的食材盛出，装入盘中，撒上松仁即可。

🌿**材料**：松仁30克、鸡蛋2个、茼蒿200克、枸杞12克、葱花少许

🥄**调料**：盐2克、鸡粉2克、水淀粉4毫升、食用油适量

鱼肉蛋饼

🌿**材料**：草鱼肉 90 克、鸡蛋 1 个、葱末少许

🍽**调料**：盐少许、番茄酱少许、水淀粉少许、食用油适量

🍴**做法**
1 将洗净的鱼肉切成片，装入盘中，待用。
2 将鱼肉片放入烧开的蒸锅中，盖上盖，用中火蒸 8 分钟至熟。
3 将蒸好的鱼肉取出，压碎，剁成鱼肉末。
4 鸡蛋打入碗中，用筷子打散，调匀。
5 放入少许葱末，搅拌匀。
6 倒入鱼肉末，搅拌均匀。
7 放入少许盐、水淀粉，拌匀调味。
8 煎锅注入适量食用油，倒入鸡蛋鱼肉糊，用锅铲抹平，用小火煎至成型，煎出焦香味。
9 翻面，煎至蛋饼呈微黄色。
10 将煎好的鱼肉鸡蛋饼盛出装盘，再挤上少许番茄酱即可。

🍲 滑炒鸭丝

🌿**材料**：鸭肉 160 克、彩椒 60 克、香菜梗少许、姜末少许、蒜末少许、葱段少许

🍽**调料**：盐 3 克、鸡粉 1 克、生抽 4 毫升、料酒 4 毫升、水淀粉适量、食用油适量

🍴**做法**
1 彩椒切成条；香菜梗切段。
2 鸭肉切片，再切成丝，装入碗中，倒入少许生抽、料酒，再加入少许盐、鸡粉、水淀粉，抓匀，注入适量食用油，腌渍 10 分钟至入味。
3 用油起锅，下入蒜末、姜末、葱段，爆香，放入鸭肉丝，加入适量料酒，炒香，再倒入适量生抽，炒匀。
4 下入彩椒，拌炒匀，放入剩余的盐、鸡粉，炒匀调味，倒入适量水淀粉勾芡，放入香菜段，炒匀，盛出装入盘中即可。

腰果炒空心菜

🌱**材料**：空心菜 100 克、腰果 70 克、彩椒
15 克、蒜末少许

🥣**调料**：盐 2 克、白糖 3 克、鸡粉 3 克、食
粉 3 克、水淀粉适量、食用油适量

🍴做法

1 洗净的彩椒切片，改切成细丝。
2 锅中注入适量清水烧开，撒上少
许食粉，倒入洗净的腰果，拌匀，
略煮一会儿，捞出，沥干水分，待用。
3 另起锅，注入适量清水烧开，放
入洗净的空心菜拌匀，煮至断生，
捞出沥干水分，待用。
4 热锅注油，烧至三成热，倒入腰果，
拌匀，用小火炸 6 分钟，至其散出
香味，捞出，沥干油，待用。
5 用油起锅，倒入蒜末，爆香，倒
入彩椒丝，炒匀，放入焯过水的空
心菜，转小火，加入盐、白糖、鸡粉，
炒匀调味，淋入水淀粉勾芡即可。

芹菜猪肉水饺

🌱**材料**：芹菜 100 克、肉末 90 克、饺子皮
95 克、姜末少许、葱花少许

🥣**调料**：盐 3 克、五香粉 3 克、鸡粉 3 克、
生抽 5 毫升、食用油适量

🍴做法

1 洗净的芹菜切碎，装入碗中，撒
上少许的盐，拌匀，腌渍 10 分钟。
2 将腌渍好的芹菜碎倒入漏勺中，
压制掉多余的水分，将芹菜碎、姜
末、葱花倒入肉末中，加入五香粉、
生抽、盐、鸡粉、适量食用油，拌
匀入味，制成馅料，待用。
3 备好一碗清水，用手指蘸上少许
清水，往饺子皮边缘涂抹一圈，往
饺子皮中放上少许的馅料，将饺子
皮对折，两边捏紧，其他的饺子皮
采用相同的做法制成饺子生坯，放
入盘中待用。
4 锅中注入适量清水烧开，倒入饺
子生坯，拌匀，防止其相互粘连，
煮开后再煮 3 分钟。
5 加盖，用大火煮 2 分钟，上浮后
捞出盛盘即可。

莴笋炒蘑菇

材料：莴笋 120 克、秀珍菇 60 克、红椒 15 克、姜末少许、蒜末少许、葱末少许

调料：盐 2 克、鸡粉 2 克、水淀粉适量、食用油适量

做法

1 将洗净去皮的莴笋切成片；洗好的秀珍菇切成小块；洗净的红椒切成小块。

2 用油起锅，倒入姜末、蒜末、葱末，用大火爆香，放入切好的秀珍菇，拌炒片刻，倒入莴笋、红椒，翻炒均匀，加入少许清水，炒匀至全部食材熟软。

3 放入盐、鸡粉，拌炒均匀，再倒入少许水淀粉，快速翻炒食材，使其裹匀芡汁。

4 起锅，盛出炒好的菜，装入盘中即可。

 # 清蒸红薯

做法

1 洗净去皮的红薯切滚刀块。

2 将红薯块装入蒸盘中，待用。

3 蒸锅上火烧开，放入蒸盘，盖上盖，用中火蒸约 15 分钟，至红薯熟透。

4 揭盖，取出蒸好的红薯，待稍微放凉后即可食用。

材料：红薯 350 克

什锦蔬菜稀饭

🌱**材料：**红薯 85 克、南瓜 50 克、胡萝卜 40 克、花生粉 35 克、米饭 160 克

🍴**做法**

1 将洗净去皮的胡萝卜切片，切成丝，改切成粒。

2 去皮洗好的红薯切厚片，再切条。

3 去皮洗净的南瓜切成片。

4 将装有南瓜和红薯的盘子放入烧开的蒸锅中，盖上盖，用中火蒸 15 分钟。

5 揭盖，把蒸熟的南瓜和红薯取出，用刀把南瓜和红薯压烂，再剁成泥状，装入盘中待用。

6 汤锅中注入适量清水，用大火烧开，倒入胡萝卜粒。

7 加入米饭，用锅勺将其压散，再拌煮至沸腾。

8 盖上盖，用小火煮 20 分钟。

9 揭盖，搅拌一会儿，放入南瓜红薯泥、花生粉拌匀，煮 1 分 30 秒至稀饭软烂。

 ## 橙子南瓜羹

🌱**材料：**南瓜 200 克、橙子 120 克

🍯**调料：**冰糖适量

🍴**做法**

1 南瓜切成片备用；橙子切去头尾，切开，切取果肉，再剁碎。

2 蒸锅上火烧开，放入南瓜片，盖上盖，烧开后用中火蒸 20 分钟至南瓜软烂。

3 揭开锅盖，取出南瓜片，放凉，放入碗中，捣成泥状，待用。

4 锅中注入适量清水烧开，倒入适量冰糖拌匀，煮至溶化，倒入南瓜泥，快速搅散，倒入橙子肉拌匀，用大火煮 1 分钟，撇去浮沫，关火后盛出装碗即可。

白菜粉丝牡蛎汤

🌿材料： 水发粉丝50克、牡蛎肉60克、白菜段80克、葱花少许、姜丝少许

🍶调料： 盐2克、料酒10毫升、鸡粉适量、胡椒粉适量、食用油适量

🍴做法

1 锅中倒入适量的清水烧开，倒入白菜、牡蛎肉，加入少许姜丝，稍微搅散。

2 淋入少许的食用油、料酒，搅匀提鲜，盖上锅盖，烧开后煮3分钟。

3 揭开锅盖，加入鸡粉、盐、胡椒粉，搅拌片刻，使食材入味。

4 往锅中加入泡软的粉丝，搅拌均匀，煮至粉丝熟透。

5 将煮好的汤料盛出，装入碗中，撒上葱花即可。

荷塘三宝

🌿材料： 菱角肉140克、鲜莲子55克、藕带85克、彩椒12克

🍶调料： 盐2克、白糖少许、食用油适量

🍴做法

1 将洗净的藕带切小段。

2 洗好的彩椒切条形，再切丁。

3 洗净的菱角肉切小块。

4 锅中注入适量清水烧开，倒入备好的鲜莲子，焯煮1分钟，去除杂质。

5 放入切好的菱角肉，拌匀，去除涩味。

6 捞出焯过水的食材，沥干水分，待用。

7 用油起锅，倒入彩椒丁，炒匀炒香。

8 放入切好的藕带，炒至变软，倒入焯过水的鲜莲子、菱角肉，炒匀。

9 转小火，加入盐、白糖，用中火翻炒至食材熟透。

10 关火后盛出炒好的菜肴，装在盘中即可。

芝麻拌芋头

做法

1 洗净去皮的芋头切开，切片，再切条形，改切成小块。
2 把切好的芋头装入蒸盘中，待用。
3 蒸锅上火烧开，放入蒸盘，盖上盖，用中火蒸 20 分钟，至芋头熟软。
4 揭盖，取出蒸盘，放凉待用。
5 取一个大碗，倒入蒸好的芋头。
6 加入白糖、老抽，拌匀，压成泥状。
7 撒上白芝麻，搅拌匀，至白糖完全溶化。
8 另取一碗，盛入拌好的芝麻芋头、即可。

材料：芋头 300 克、熟白芝麻 25 克
调料：白糖 7 克、老抽 1 毫升

 茭白烧黄豆

做法

1 洗净去皮的茭白切丁；洗净的彩椒切丁。
2 锅中注水烧开，放盐、鸡粉、食用油，放入茭白、彩椒、黄豆拌匀，煮 1 分钟至五成熟，捞出沥水待用。
3 锅中倒入食用油烧热，放入蒜末爆香，倒入焯过水的食材，炒匀，加入适量蚝油、鸡粉、盐，炒匀调味。
4 加入适量清水，用大火收汁，淋入水淀粉勾芡，放入芝麻油炒匀，加葱花，翻炒匀即可。

材料：茭白 180 克、彩椒 45 克、水发黄豆 200 克、蒜末少许、葱花少许

调料：盐 3 克、鸡粉 3 克、蚝油 10 毫升、水淀粉 4 毫升、芝麻油 2 毫升、食用油适量

凉拌茭白

🌾**材料**：茭白200克、彩椒50克、蒜末少许、葱花少许

🥄**调料**：盐3克、鸡粉2克、陈醋4毫升、芝麻油2毫升、食用油适量

🍴**做法**

1 洗净去皮的茭白对半切开，切成片。
2 洗好的彩椒切条，再切成块。
3 砂锅中注入适量清水烧开，放入少许盐，加入适量食用油，倒入切好的茭白、彩椒，拌匀，煮1分钟，至其断生。
4 把煮好的茭白和彩椒捞出，沥干水分，装入碗中，加入蒜末、葱花，加入剩余的盐、鸡粉，淋入陈醋、芝麻油，拌匀调味。
5 将拌好的茭白盛出，装入盘中即可。

菌菇稀饭

🌾**材料**：金针菇70克、胡萝卜35克、香菇15克、绿豆芽25克、米饭180克

🥄**调料**：盐少许

🍴**做法**

1 将洗净的绿豆芽切粒。
2 洗好的金针菇切去根部，切成段。
3 洗好的香菇切片，改切成丁。
4 洗净去皮的胡萝卜切条，改切成丁。
5 锅中倒入适量清水，放入切好的材料。
6 盖上锅盖，用大火煮沸。
7 揭盖，调成小火，倒入米饭，搅散。
8 盖上盖，煮20分钟至食材软烂。
9 揭开盖，倒入绿豆芽，搅拌片刻。
10 放入少许盐，拌匀调味。
11 继续搅拌一会儿至食材入味。
12 起锅，将做好的稀饭盛出，装入碗中即可。

白灼圆生菜

🌱**材料**：圆生菜 350 克、姜丝适量、红椒丝适量、葱白丝适量

🥄**调料**：鸡粉 3 克、豉油 5 毫升、白糖 2 克、食用油适量

🍴**做法**

1 将洗净的圆生菜切块后放入沸水锅中煮至断生，捞出，摆放在盘中待用。

2 锅置旺火，注油烧热，注入少许清水，倒入豉油，放入姜丝、红椒丝炒匀。

3 加入白糖、鸡粉拌煮成豉油汁。

4 将豉油汁浇在生菜上，撒上红椒丝、葱白丝即可。

 # 家常小炒肉

🌱**材料**：五花肉 300 克、香菇 80 克、蒜末适量

🥄**调料**：盐 2 克、鸡粉 2 克、生抽适量、水淀粉适量、食用油适量

🍴**做法**

1 洗净的五花肉切条，切成片；香菇切块。

2 热锅注油，倒入蒜末爆香，倒入肉块炒香。

3 倒入香菇，加入盐、鸡粉、生抽炒匀调味，加入适量清水煮沸，用水淀粉勾芡。

4 关火后将食材盛入碗中即可。

火腿香菇饭

🍴**做法**

1 火腿肠切片；去皮土豆切块；水发香菇切块。

2 香菇和土豆分别放入沸水锅中焯至断生。

3 热锅注油，倒入蒜末爆香，倒入米饭炒散，倒入火腿肠、土豆、香菇，炒香。

4 加入盐、鸡粉炒匀调味。

5 关火，将炒饭盛入碗中即可。

🌾**材料**：火腿肠80克、水发香菇50克、土豆90克、米饭400克、蒜末适量

📋**调料**：盐2克、鸡粉2克、食用油适量

炒鸡翅

🍴**做法**

1 鸡翅盛入碗中，加少许料酒、盐、鸡粉、生抽，拌匀，加少许生粉拌匀，腌渍15分钟。

2 热锅注油，烧至五成热，倒入鸡翅，炸1分钟，捞出，沥油，待用。

3 锅底留油，倒入姜片、蒜末、葱段爆香，淋入料酒，加少许老抽、豆瓣酱炒匀。

4 加少许清水，加剩余的盐、鸡粉，炒匀调味。

5 关火后将炒好的鸡翅盛入盘中即可。

🌾**材料**：鸡翅300克、姜片适量、蒜末适量、葱段适量

📋**调料**：料酒5毫升、老抽3毫升、豆瓣酱5克、盐3克、鸡粉3克、生抽5毫升、生粉适量、食用油适量

辣炒花甲

材料：花甲 400 克、朝天椒适量、姜末适量、蒜末适量、葱段适量

调料：盐、鸡粉各 2 克、料酒 10 毫升、白糖 2 克、水淀粉适量、食用油适量、豆瓣酱10 克

做法

1 洗净的朝天椒切段。
2 锅中倒入适量清水，用大火烧开，倒入花甲，煮 2 分钟至花甲壳打开，捞出待用。
3 用油起锅，倒入朝天椒、姜末、蒜末、葱段，加入适量豆瓣酱炒匀，倒入煮好的花甲，翻炒片刻。
4 淋入料酒，再加入盐、鸡粉、白糖、炒匀调味，加入少许清水，煮片刻，倒入水淀粉，拌匀。
5 将锅中材料炒至入味，稍煮片刻。

青椒炒猪血

材料：青椒 80 克、猪血 300 克、姜片适量、蒜末适量

调料：盐 3 克、鸡粉 3 克、辣椒酱 5 克、水淀粉适量、食用油适量

做法

1 青椒切块；猪血切成小方块。
2 锅中加 600 毫升清水烧开，加入少许盐，往猪血中倒入烧开的热水，浸泡 4 分钟。
3 将浸泡好的猪血捞出装入另一个碗中，加入少许盐拌匀。
4 用油起锅，倒入姜片、蒜末炒香，加少许清水，加辣椒酱、剩余的盐、鸡粉炒匀，倒入猪血，煮 2 分钟至熟，倒入青椒，炒匀。
5 加入水淀粉勾芡。
6 将炒好的菜肴盛入碗中即可。

蓝莓草莓粥

🍴 **做法**

1 洗净的草莓切小块
2 砂锅注水烧开，放入糙米拌匀。
3 盖上锅盖，烧开后用小火煮30分钟至大米熟软。
4 揭盖，倒入糙米，放入洗净的蓝莓，加入适量白糖拌匀。
5 关火后将粥盛入碗中即可。

🌿 **材料**：水发糙米200克、蓝莓40克、草莓40克

🍯 **调料**：白糖3克

美味春卷

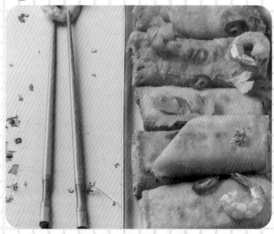

🍴 **做法**

1 黄豆芽切成两段；香菇切片，改切成丝；胡萝卜去皮切片，改切成丝。
2 锅中注入清水烧开，加入食用油，放入香菇、胡萝卜，搅匀，煮1分30秒，加入黄豆芽，略煮片刻后捞出备用。
3 用油起锅，放入肉末，倒入食材，炒匀，加入盐、鸡粉、白糖，淋入料酒、生抽、老抽，炒匀，倒入水淀粉，翻炒片刻，加入芝麻油，炒匀，盛出锅中食材，包入春卷皮中，制成若干的春卷坯。
4 热锅注油烧至七成热，倒入春卷坯油炸至金黄色后捞出，放在盘中即可。

🌿 **材料**：黄豆芽80克、香菇60克、胡萝卜90克、肉末150克、春卷皮200克

🍯 **调料**：盐3克、鸡粉3克、白糖2克、料酒5毫升、生抽5毫升、芝麻油5毫升、老抽5毫升、水淀粉适量、食用油适量

彩椒牛肉饭

🌱 **材料**：牛肉 100 克、黄彩椒 60 克、红彩椒 60 克、米饭 300 克、蒜末适量

🥄 **调料**：盐 2 克、鸡粉 2 克、生抽适量、食用油适量、水淀粉适量

🍴 **做法**

1 牛肉切条；红彩椒、黄彩椒切条。
2 热锅注油，倒入蒜末爆香，倒入牛肉、黄红彩椒炒匀。
3 加入盐、鸡粉、生抽炒匀调味，加入适量清水煮沸后，用水淀粉勾芡。
4 关火，将炒好的食材盖在米饭上即可。

 ## 藤椒鸡

🌱 **材料**：鸡肉 300 克、蒜末适量、朝天椒适量

🥄 **调料**：生抽 5 毫升、豆瓣酱 10 克、花椒油 5 毫升、料酒 5 毫升、盐 3 克、鸡粉 3 克、生粉 5 克、水淀粉适量、食用油适量

🍴 **做法**

1 朝天椒切成圈；鸡肉切块后放入碗中，加入少许生抽、料酒、盐、鸡粉，撒上生粉，拌匀，腌渍 10 分钟至其入味。
2 锅中注油，烧至五成热，倒入鸡块，拌匀，炸半分钟至其呈金黄色，捞出，沥干油，待用 .
3 锅底留油，倒入蒜末、朝天椒，爆香，放入鸡块，炒匀，淋入料酒，炒匀提味，加入豆瓣酱、生抽，炒匀，淋入花椒油，加入剩余的盐、鸡粉调味。
4 注入适量清水，炒匀，盖上盖，煮开后用小火煮 10 分钟至其熟软。
5 揭盖，倒入水淀粉勾芡，关火后盛出锅中的菜肴即可。

彩椒鸡丁

做法

1 红彩椒切条，改切成小块；鸡胸肉切丁。

2 热锅注油，倒入蒜末、葱段爆香，倒入鸡胸肉炒至变色，加入盐、鸡粉、生抽炒匀调味，加入适量清水，翻炒至熟，用水淀粉勾芡。

3 关火后将炒好的菜肴盛入盘中即可。

材料：红彩椒 50 克、鸡胸肉 200 克、葱段适量、蒜末适量

调料：盐 2 克、鸡粉 2 克、生抽适量、食用油适量

 # 通心粉沙拉

做法

1 锅内注入适量清水煮沸，倒入通心粉，拌匀。

2 加盖，将通心粉煮 7 分钟，捞出，装入碗中。

3 往通心粉中挤上沙拉酱拌匀，盛入盘中即可。

材料：通心粉 200 克

调料：沙拉酱 40 克

土豆沙拉

做法

1 洗净的土豆去皮切块，放入沸水锅中，煮至断生，捞出沥水，待用。
2 虾皮也放入沸水锅中焯熟。
3 备好一个碗，倒入土豆块、虾皮，挤上沙拉酱、葱花充分拌匀。
4 将拌匀的土豆盛入盘中即可。

材料： 去皮土豆 300 克、虾皮适量、葱花适量

调料： 沙拉酱 30 克

香菇肉片汤

做法

1 香菇切去蒂，改切成条，再切成小块；瘦肉切成薄片。
2 把肉片装入碗中，加入适量盐、鸡粉、水淀粉，拌匀，淋入少许食用油，腌渍 10 分钟。
3 炒锅中倒入食用油烧热，放入姜片，爆香，倒入香菇，翻炒均匀，倒入 700 毫升清水，用锅铲搅拌匀，盖上盖，用大火烧开后续煮 1 分钟至熟。
4 揭盖，放入剩余的盐、鸡粉，下入肉片，搅拌均匀，用大火煮 1 分钟至肉片熟透即可。

材料： 新鲜香菇 100 克、瘦肉 80 克

调料： 盐 3 克、鸡粉 3 克、水淀粉适量、食用油适量

香辣鸡腿

材料： 鸡腿 300 克、蒜头适量、葱结适量、香菜适量、干辣椒适量

调料： 盐 3 克、鸡粉 3 克、白糖 3 克、老抽 5 毫升、生抽 5 毫升、食用油适量

做法

1 汤锅置于火上，倒入 2500 毫升清水，放入洗净的鸡腿，用大火煮沸，撇去汤中浮沫。
2 盖好盖，转用小火熬煮 1 小时。
3 揭下锅盖，捞出鸡腿，沥水待用。
4 炒锅烧热，注入少许食用油，倒入蒜头、葱结、香菜、干辣椒大火爆香，放入白糖，翻炒至白糖溶化，倒入鸡腿肉炒至上色。
5 加入适量清水，煮至沸腾，加入盐、生抽、老抽、鸡粉，拌匀煮至入味。
6 关火，将煮好的鸡腿盛入碗中即可。

 # 香辣土豆块

材料： 去皮土豆 200 克、朝天椒 3 个、豆豉 10 克、蒜末适量、葱花适量

调料： 盐 3 克、鸡粉 3 克、生抽 5 毫升、水淀粉适量、食用油适量

做法

1 土豆切片；朝天椒切圈。
2 热锅注油，倒入蒜末、朝天椒、豆豉爆香，倒入土豆炒匀。
3 加入盐、鸡粉、生抽炒匀调味，加入适量清水煮沸，用水淀粉收汁。
4 关火后撒上葱花炒匀，将炒好的土豆盛入盘中即可。

COOKING 香焖牛肉

材料：切好的牛肉200克、八角3个、草果3个、姜片适量、蒜瓣适量

调料：盐3克、生抽5毫升、黄豆酱5克、水淀粉适量、食用油适量

做法

1 热锅注油烧热，倒入蒜瓣、姜片、八角、草果炒香。

2 淋入少许生抽，翻炒均匀，倒入黄豆酱，翻炒上色，倒入切好的牛肉，注入少许清水，炒匀，加入少许盐，快速炒匀调味。

3 盖上锅盖，煮开后转小火焖20分钟至熟软。

4 揭盖，淋入适量水淀粉，翻炒片刻收汁。

5 将焖好的牛肉盛出装入碗中即可。

COOKING 板栗红烧肉

材料：猪肉200克、板栗100克、八角适量、生姜适量、葱花适量、大蒜适量

调料：食用油适量、白糖适量、料酒、老抽各5毫升

做法

1 将洗好的猪肉切块。

2 热锅注油，烧至四成热，倒入已去壳洗好的板栗，炸2分钟至熟，捞出。

3 锅留底油，倒入白糖，炒糖色，倒入猪肉炒至出油，放入八角、生姜、大蒜，加料酒、老抽，快速拌炒匀，倒入板栗，加入适量清水，加盖焖煮30分钟至入味。

4 揭盖，将焖好的食材搅拌匀，盛入碗中，撒上葱花即可。